Dr. Car. Aeby

Die Schädelformen des Menschen und der Affen

Eine morphologische Studie

Dr. Car. Aeby

Die Schädelformen des Menschen und der Affen
Eine morphologische Studie

ISBN/EAN: 9783743420748

Hergestellt in Europa, USA, Kanada, Australien, Japan

Cover: Foto ©berggeist007 / pixelio.de

Manufactured and distributed by brebook publishing software (www.brebook.com)

Dr. Car. Aeby

Die Schädelformen des Menschen und der Affen

DIE SCHÄDELFORMEN

DES

MENSCHEN UND DER AFFEN.

EINE MORPHOLOGISCHE STUDIE

VON

Dr. CAR. AEBY,

PROFESSOR DER ANATOMISCHEN WISSENSCHAFTEN AN DER HOCHSCHULE IN BERN

> Schon aus der allgemeinen Idee eines Typus folgt,
> dass kein einzelnes Thier als ein solcher Vergleichungs-
> kanon aufgestellt werden könne; kein Einzelnes kann
> Muster der Classe sein. GÖTHE

LEIPZIG,
F. C. W. VOGEL.
1867.

SEINEM LIEBEN FREUNDE

Dr. AUGUST SOCIŃ

PROFESSOR DER CHIRURGIE AN DER UNIVERSITÄT IN BASEL

GEWIDMET

VON DEM VERFASSER.

VORWORT.

Als ich vor ungefähr sieben Jahren die Untersuchungen begann, deren Ergebnisse hiermit der Oeffentlichkeit überliefert werden, nahm die Anthropologie noch nicht diejenige Stellung ein, deren sie sich heute erfreut. Wie in der Luft die Wasserdämpfe unmerklich sich anhäufen, um bei günstigem Winde plötzlich als befruchtender Regen hervorzubrechen, so sammeln sich auch oftmals in der Wissenschaft die Ideen in aller Stille, um zu gelegenen Zeiten mit Macht sich zu offenbaren. In der Anthropologie waren es vorzugsweise die überraschenden Einblicke in die Vorzeit des Menschengeschlechtes, welche den Antrieb von aussen brachten. Wohl haben sie einen Sturm erregt, der manches zarte Reis geknickt und manch ruhig abgeklärtes Gewässer nicht nur schlammig aufgewühlt, sondern auch verheerend über seine Ufer getrieben hat, aber wie überall, so wird auch hier der Segen im ganzen den Schaden im einzelnen reichlich aufwiegen.

Schon vor längerer Zeit hatten meine Untersuchungen ihren Abschluss gefunden und mich bewogen, wenigstens die Methoden, die ihnen zu Grunde gelegen hatten, bekannt zu machen. Mannigfaltige äussere Umstände haben das Erscheinen der vorliegenden Arbeit bis jetzt verzögert. Hoffentlich hat sie dadurch an Reife gewonnen, nicht aber an Frische verloren.

Messungen an Schädeln anzustellen, ist allmälig beinahe Modesache geworden. Wie viel bleibender Nutzen damit gestiftet wird, muss die Zukunft entscheiden. Auffällig aber ist es, wie oft noch eines der wichtigsten Maasse vernachlässigt wird, das sich doch auch am unversehrten Schädel mit einer nicht weniger befriedigenden Genauigkeit bestimmen lässt, als so viele andere. Ich erlaube mir, ein günstiges Wort für unsere Grundlinie (Länge der Wirbelsäule des Schädels nach Baer) einzulegen. Die Art ihrer Bestimmung habe ich in meiner frühern Publication besprochen und ich kann auch jetzt den erhobenen Zweifeln gegenüber nur deren Genauigkeit bestätigen. Jeder Zirkel reicht dazu aus, so wie damit auch die von unserer Methode geforderten Hauptmaasse der Länge, Breite und Höhe mit genügender Sicherheit sich gewinnen lassen. Es bedarf dazu nicht einmal der von uns angegebenen und für erschöpfende Messungen allerdings unentbehrlichen Vorrichtung. Man hat aus der Grösse meiner Tabellen den Schluss ziehen wollen, die ganze Messungsmethode erfordere viele Zeit und Arbeit. Dem ist nicht so. Mit einiger Uebung geht die Sache ausserordentlich rasch und nur die Einstellung verursacht dem Ungeübten etwelchen Zeitverlust.

So hoch ich auch den Nutzen einer Reduction aller Schädeldurchmesser auf eine einfache Grundlinie anschlage, ja so sehr ich sogar in ihr die einzige solide Basis der Craniologie erkenne, so wenig bin ich geneigt, in ihr das einzige und ausschliessliche Heil zu erblicken. Manches ist ihr nicht zugänglich und muss auf andere Weise ersetzt werden.

Ich habe gewissenhaft alles benutzt, was mir von den Erfahrungen anderer bekannt geworden ist; ich bedaure, dass es mir nicht möglich war, mir die einschlägige Literatur in noch ausgedehnterem Maasse zugänglich zu machen. Für die Grundzüge meiner Darstellung dürfte diess übrigens wohl ohne Belang sein.

Ich habe mich endlich bemüht, das mir gebotene Material nach allen Seiten hin zu verwerthen. Möchten Lücken recht bald ausgefüllt, Irrthümer beseitigt werden!

Wo, wie im Gebiete der morphologischen Wissenschaften, so viele nach Gold graben, da ist es nur wenigen gegeben, einen ganzen Klumpen zu finden, und die meisten müssen mit Körnchen sich begnügen. Sie dürfen sich damit trösten, dass die Gesammtzahl der Körnchen einen höhern Werth besitzt, als die der Klumpen. Auch wir wollen uns mit Körnchen begnügen; möchte nur die Hoffnung nicht trügen, dass einzelne in dem vorliegenden Werke enthalten seien!

Bern, im April 1867.

DER VERFASSER.

INHALTS-VERZEICHNISS.

DRUCKFEHLER.

Seite 19 Zeile 10 v. o. ist zu lesen „so der des Congonegers" statt „so die des Balinesen und des Borneten"
Seite 130 Zeile 4 v. u. ist zu lesen „Cubikcentimeter" statt „Cubikmillimeter"

I. EINLEITUNG.

Es giebt wenige Gebiete der Wissenschaft, die in gleichem Maasse geeignet wären, die Theilnahme aller Gebildeten zu wecken, wie diejenigen, welche die Kenntniss des Menschen betreffen, wenige aber auch, die in ihrer Bearbeitung grösseren, theils äusseren, theils inneren Hindernissen begegnen. Die Schwierigkeit, sich in den Besitz des gehörigen Materiales zu setzen, die Schwierigkeit, bei seiner Verwerthung in durchaus objectiver Weise vorzugehen und jeglicher vorgefassten Meinung dieser oder jener Art sich zu entschlagen, ist so gross, dass manche tüchtige und redliche Kraft davon überwältigt wurde. Wir müssen es leider bekennen, dass kein Theil der Naturwissenschaften so wenig positive und wohlbegründete Thatsachen besitzt, wie die Anthropologie. Ja vieles, was als solche ausgegeben und angesehen wird, verflüchtigt im Schmelztiegel der unbefangenen, vorurtheilsfreien Prüfung. Freuen wir uns deshalb des regen Wetteifers, der aller Orten im Sichten bereits erworbenen und im Erwerben neuen Materiales sich geltend macht.

Ueber die Abgrenzung des menschlichen Typus von benachbarten Formen kann kein ernsthafter Zweifel aufsteigen; klar und bestimmt tritt er überall hervor, und wahre Zwischenformen von Mensch und Thier sind noch nirgends beobachtet worden. Schwieriger aber gestaltet sich die Frage nach dem inneren Wesen dieses Typus. Ist er ein durchaus einheitlicher oder umfasst er mehrere getrennte Elemente? Gehören die Menschen Einem Stamme an, oder finden sich unter ihnen Verschiedenheiten, welche uns zwingen, sie in mehr oder weniger selbständige Arten aufzulösen? Die Beantwortung dieser Fragen erscheint im ersten Augenblicke nicht allzu schwierig, lässt doch ein Blick auf die Völker der Erdoberfläche sofort die Vielfältigkeit sowohl der geistigen als auch der körperlichen Bildung hervortreten. Welch ein Unterschied zwischen dem Wilden des australischen Urwaldes, dessen ganzes Sinnen und Trachten auf die Befriedigung der leiblichen Bedürfnisse gerichtet ist, und dem Bewohner des schönen Hellas, dessen Haupte das Urbild des Schönen entsprosste; welch ein unversöhnlicher Gegensatz zwischen den abschreckenden Formen der Buschmännin, in der nach unseren Begriffen die Natur alle Hässlichkeit vereinigt hat, und der edelgebauten Gestalt der Europäerin, die der Meisel eines Phidias und der Pinsel eines Raphael zur Verklärung erhoben! Betrachten wir nur diese Extreme, so wird es uns schwer zu glauben, dass sie auf einen gemeinschaftlichen Mittelpunkt sich zurückführen lassen, und wir sind weit eher geneigt, sie als wirklich verschieden anzusehen; aber bei dem Versuche, die scheinbar so grossen Unterschiede wissenschaftlich festzustellen, schwinden die Anhaltspunkte einer nach dem andern und es zerfliesst unter unsern Händen in nichts, was wir für fest und untrüglich glaubten halten zu dürfen. Der vermeinte Gegensatz wird zum Nebelbilde, das vor unsern Augen, wir wissen nicht wie, verblasst und verschwindet. Es lässt sich diess nicht anders erklären, als dass entweder überhaupt keine wesentlichen Unterschiede existiren, oder dass wir sie an der unrechten Stelle suchen. Nur die genaueste Erforschung aller Formverhältnisse und eine scharfe Trennung dessen, was als zufällige, und dessen, was als im innersten Wesen begründete Gestaltung aufzufassen ist, kann eine Lösung der Aufgabe vermitteln. Die einzelne Beobachtung vermag hier nicht zum Ziele zu führen. Nur aus der sorgsamen Vergleichung einer Anzahl von gleichartigen Erscheinungen tritt ihr wahrer Kern hervor, da jede einzelne, indem sie einen abstracten Begriff verkörpert, ihn individualisirt und dadurch zu etwas Besonderem macht, dass sie ihn einer Verkettung von Umständen anpasst, die vielleicht nie genau in derselben Weise wiederkehren. Man hat in der Anthropologie diess vielfach vergessen und vorzeitig auf vereinzelte Erfahrungen die weitgehendsten Schlüsse gebaut. Es wäre ein Leichtes, diess durch zahlreiche Beispiele zu belegen, doch genügt es, auf die grossen Widersprüche aufmerksam zu machen, die überall sich entgegenstehen und alle auf Thatsachen zu fussen behaupten. Die einzelne Beobachtung hat nur dann vollen Werth, wenn sie durch andere gestützt wird. Darin liegt ja eben die Grösse der Natur, dass sie ihre Typen, ohne dieselben aufzugeben, in's Unendliche abändert und umformt. Nur in der Entkleidung von diesen individuellen Besonderheiten vermögen wir jene zu erkennen, und erst, wenn wir erfahren haben, in wie weit die letzteren in ihrer Erscheinung schwanken können, dürfen uns auch ein Urtheil darüber anmassen, ob in der Verschiedenheit zweier Formen eine Verschiedenheit der Typen, oder nur eine Verschiedenheit der Individualisirung auf Grundlage desselben Typus sich ausspricht. Die Entscheidung hat hier oft ihre besonderen Schwierigkeiten; im Ganzen wird aber wohl die Annahme erlaubt sein, dass die individuelle Prägung des Grundtypus um so schärfer sich gestalte, je mehr das einzelne Individuum als solches zur Geltung kommt. Nirgends ist diess sicherlich mehr der Fall als beim Menschen; nirgends sind wir deshalb mehr berechtigt zu verlangen, dass einzelne Beobachtungen nicht ohne Weiteres verallgemeinert und allgemeine Schlüsse nur aus als wirklich constant erkannten Erscheinungen gezogen werden. Doch nicht bloss das Besondere vom Allgemeinen, auch das Wesentliche vom Unwesentlichen muss getrennt werden. Wir erwerben uns das tiefere Verständniss sicherlich nicht dadurch, dass wir mit peinlicher Genauigkeit jede Einzelheit studiren. Wer die Idee eines Gebäudes erfassen, wer seinen Plan wirklich verstehen will, darf nicht zu sehr den Ornamenten und den Friesen sein Augenmerk zuwenden; er muss durch die Schaale hindurch vor allem auf den Kern der Grundlinien eindringen, an den alles andere organisch sich anschliesst, durch den alles andere organisch bedingt wird. Nur so wird er auch verschiedene Gebäude in die richtige Stellung zu einander zu bringen und an ihnen zu erkennen im Stande sein, was wahrhaft gleich und was wahrhaft verschieden sei. Was aber für die Gebilde von Menschenhand gilt, das findet nicht weniger seine Anwendung auf diejenigen der Natur. Ist diess aber immer in dem Studium des menschlichen Organismus festgehalten worden? „Es muss doch einmal laut und bestimmt ausgesprochen werden, dass es ein falscher Weg des Forschens sei, wenn wir alles Heil der Erkenntniss nur in der minutiösesten Auffassung zu finden denken", so sprach vor mehr denn 20 Jahren Carus[1] mit Hinblick auf die Anthropologie und es erscheint mir nicht überflüssig, das Gedächtniss dieser Worte aufzufrischen. Inwiefern ein Merkmal wesentlich oder unwesentlich ist, das kann nur aus zahlreichen unter verschiedenen Verhältnissen gemachten Beobachtungen entnommen werden. Man wird sich deshalb wohl hüten müssen, jeder Besonderheit der Bildung sofort eine typische Bedeutung zuzuschreiben. Bei so vielfach verschlungenen Vorgängen, wie sie sich hier darbieten, bedarf es mancher und verschiedenartiger Versuche, den rechten Weg zu finden. Wenn deshalb die Arbeiten so vieler fleissiger Forscher bis jetzt zu einem verhältnissmässig wenig befriedigenden Resultate geführt haben, so darf uns diess weder entmuthigen, noch auch verleiten, ihre Verdienste zu unterschätzen; es soll uns nur anspornen, andere Pfade aufzusuchen und in andern Richtungen vorzudringen.

Die Kenntniss eines jeden Körpers ist nur dann eine vollständige, wenn sie denselben nach allen Richtungen durchdringt und alle seine Beziehungen zur Umgebung berücksichtigt. Je grösser die Zahl dieser letzteren, um so schwieriger wird es für den Einzelnen, sie alle zu erfassen und in ihrer mannig-

---

[1] Müllers Archiv. 1843 p. 156.

fältigen Verschlingung zu verfolgen; um so mehr macht sich demnach die Theilung der Arbeit zur Nothwendigkeit. Diese allein ermöglicht ein vollständigeres Durchdringen des Stoffes, führt jedoch auch eine grosse Gefahr in ihrem Gefolge, die der einseitigen Auffassung. Man vergisst leicht, dass nur aus der Gesammtheit aller Erscheinungen und Vorgänge ein wirkliches Verständniss sich ergiebt. Es ist dann nichts natürlicher, als dass man seine Arbeit für die wichtigste, seine Richtung für die maassgebende hält und dass man sich deshalb berechtigt glaubt, von ihr aus über alle andern abzusprechen. Nirgends macht sich diess fühlbarer als in der Anthropologie und nirgends hat die nothwendige Theilung der Arbeit neben den hellsten Lichtseiten auch so dunkle Schattenseiten aufzuweisen. Die Erforschung der geistigen und diejenige der körperlichen Erscheinungen stehen sich feindlich gegenüber; statt einträchtig zur Erreichung des gemeinsamen Zieles zu wirken, kehren sie sich grollend den Rücken und finden gar oft in gegenseitiger Verdächtigung die höchste Befriedigung. Jede wandelt ihre eigene Bahn, ohne sich viel um das zu kümmern, was ausserhalb derselben liegt. In ihrem einseitigen Vorgehen verliert sie mehr und mehr das Bewusstsein, dass keine Methode, wie vortrefflich sie auch sein mag, einen Gegenstand ganz erschöpft, und uns einen Einblick in alle seine Beziehungen verschafft. Stehen auch alle diese in engster harmonischer Verbindung, so gestattet die Kenntniss der einen doch noch nicht ohne Weiteres einen Schluss auf alle andern, da die absolute Erkenntniss des Ganzen in seinen letzten Ursachen uns versagt ist. Jede Erscheinung bedarf für sich der Prüfung und Untersuchung, um später mit den andern zum Bilde des Ganzen verwoben zu werden. Jede hat dabei ihr Besonderes, ihr Eigenthümliches, das sich nicht a priori aus dem Verhalten der übrigen erschliessen lässt. Welche Vorstellungen man sich demnach auch immer über das Wechselverhältniss der geistigen und körperlichen Eigenschaften des Menschen machen mag, so muss man zugeben, dass jeder Versuch, die einen aus den andern abzuleiten, vor der Hand ein verfehlter ist, weil er einseitig gewonnene Anschauungen und Begriffe auf fremde Gebiete überträgt, die dort vielleicht unhaltbar sind. Die Forschung ist deshalb sicher auf falschen Wegen, wenn sie glaubt, von einer einzigen Seite aus den vollen Begriff des Menschen gewinnen zu können. Ihre Resultate werden hier immer ein Stückwerk bleiben und der Ergänzung von anderer Seite her bedürfen. Möge nur überall das Princip des freien Strebens zur Geltung kommen und überall das Studium der Thatsachen der Begriffsbildung vorangehen! Die Lehre vom Menschen als Gegenstand der Anthropologie im weitesten Sinne des Wortes muss ihn ganz erfassen, in seinen geistigen, wie in seinen körperlichen Beziehungen. Dahin wird sie aber nur dann gelangen, wenn sie alle Wissenschaften zu Rathe zieht und deren Erfahrungen sich zu eigen macht. Gegenüber der so vielfältig zu Tage tretenden Sucht, aus allen möglichen morphologischen Verhältnissen in durchaus willkürlicher Weise Schlussfolgerungen auf das psychische Verhalten zu ziehen, darf es wohl betont werden, dass die Anthropologie hieraus keine guten Früchte geerntet hat. Das Auge wird dadurch gar leicht getrübt und die Unbefangenheit der Forschung gefährdet. Manch ein Satz wäre nicht aufgestellt, manch ein anderer längst wieder fallen gelassen worden, weil die thatsächliche Begründung eine ungenügende ist, liesse er sich nicht zur Unterstützung gewisser Lieblingsideen verwerthen. Eine jede Erscheinung muss zunächst um ihrer selbst willen erforscht werden; dann erst ist es an der Zeit, zu untersuchen, inwiefern sie mit andern in Verbindung steht. So allein lässt sich ein richtiges Urtheil über ihre Selbständigkeit und Abhängigkeit gewinnen.

Die Aufgabe der Anthropologie beginnt damit, die morphologische Gestaltung des Menschengeschlechtes zu ergründen. Ihre Lösung lässt noch auf sich warten, einestheils, weil man einer solchen in umfassender Weise erst in neuerer Zeit Aufmerksamkeit schenkt, anderntheils aber auch, weil die Untersuchung mit ungewöhnlichen Schwierigkeiten zu kämpfen hat. Die Kenntniss der Weichtheile ist mit Ausnahme derjenigen der äusseren Haut so zu sagen null, diejenige der Hartgebilde fast ganz auf den Schädel beschränkt. So fühlbar nun auch diese Lücken sind und so wenig wir uns die Nothwendigkeit ihrer möglichst raschen Ausfüllung verhehlen können, so wenig dürfen wir doch das-jenige unterschätzen, was bereits vorliegt. In keinem Abschnitte des thierischen Organismus spricht sich

1*

eben der allgemeine Grundplan so scharf aus, wie im Skelette. Zudem steht es mit den übrigen Systemen in so innigem Zusammenhange, dass ein jedes ihm etwas von seiner Besonderheit aufdrückt. Ein jedes System ist ja in seiner Entwicklung theils bedingend, theils bedingt, indem die eigene, selbständige Entfaltung durch diejenige der andern in höherem oder geringerem Grade beeinflusst und abgeändert wird. Bei der Einheit, welche den Organismus auszeichnet, wird es in vielen Fällen unmöglich zu entscheiden, was als primäre, was als secundäre Bildung zu betrachten ist. Im Skelette haben wir einen Abklatsch sämmtlicher Systeme und darum kann es immerhin als der beste Vertreter des Ganzen betrachtet werden. Handelt es sich um seine Verwerthung für die Anthropologie, so werden wir freilich seinen verschiedenen Theilen einen sehr ungleichen Werth beilegen müssen. Je näher ein solcher denjenigen Organen rückt, in denen die Eigenheit des menschlichen Typus am schärfsten sich ausspricht, um so grösser wird auch seine Bedeutung sein. Das Gehirn mit seinen verschiedenen Anhängen ist hier vor allem massgebend und gewiss ist der Satz nicht zu gewagt, dass, wenn irgendwo, zuerst in ihm wesentliche Verschiedenheiten des Baues zu erwarten sind. Der Schädel darf deshalb im Skelette die grösste Bedeutung beanspruchen und die grosse Aufmerksamkeit, die ihm seit langem zugewendet wird, ist eine durchaus gerechtfertigte. Freilich dürfen wir uns dabei nicht zu dem Glauben verleiten lassen, als hätten wir mit der Erforschung seiner fertigen Gestalt schon alle Arbeit gethan. Es ist hier nicht der Ort zu untersuchen, welche Momente in der Erzeugung seiner charakteristischen Form mitwirken; auch dürfte es unmöglich sein die vielfach sich kreuzenden Bedingungen zu entwirren. Die gegenseitige Durchdringung und innige Verkettung der Systeme tritt vielleicht nirgends so klar wie in ihm zu Tage, und er ist dennoch das Product des Zusammenwirkens einer Menge von Factoren. Als Glied der allgemeinen Formenkette wird er erst dann recht verständlich werden, wenn wir andere Formen zumal diejenigen der dem Menschen am nächsten stehenden Thiere, der Affen, ihm zur Seite stellen. Dabei werden wir auch erfahren, ob in gewissen Fällen die so viel besprochene Annäherung an thierische Bildungen wirklich stattfindet oder nicht. In der Beziehung sind unsere bisherigen Kenntnisse sicher viel zu oberflächlich.

II. Untersuchung des Schädels.

Die Lehre von der Schädelform des Menschen ist zum Schoosskinde der Anthropologie geworden. Dass der Kopf nicht immer gleich gestaltet sei, war zwar schon den Alten bekannt, aber sie fassten diess lediglich als den Ausdruck individueller Entwicklung auf. Noch Vesal, der verschiedenen Völkern verschiedene Schädelformen zuerkennt, sieht darin nicht eine typische Verschiedenheit, sondern bloss die Folge der verschiedenen Behandlung der Kinder. Die wechselnde Kopfform ist ihm also der Ausdruck einer willkürlichen, mehr oder weniger bewussten und beabsichtigten Umwandlung ein und derselben Grundform. Es bleibt das Verdienst Blumenbach's, in dieser Richtung der Wissenschaft ein neues, wenn auch bis jetzt trotz saurer Arbeit im ganzen nicht sehr fruchtbares Gebiet eröffnet zu haben. Er begnügte sich damit, die dem Auge zugänglichen Merkmale als Unterscheidungsprincip zu verwerthen. Das Ungenügende dieses Verfahrens trat bald zu Tage und das Bedürfniss nach einer zuverlässigeren Handhabe machte sich geltend; es führte zur Messung. Sie wurde in verschiedener Weise ausgeführt, und je nachdem die Forscher von dieser oder jener Anschauung ausgingen, erfanden sie ihre Methoden mit einfachern oder complicirtern Instrumenten und Apparaten. Es ist überflüssig sie hier einzeln zu besprechen. Eine jede hat ihr Gutes und vermag gewisse Verhältnisse aufzudecken. Im ganzen können wir uns nicht verhehlen, dass die Erfolge bis jetzt nicht so gewesen sind, wie man sie zu erwarten wohl berechtigt war, und es darf deshalb nicht überraschen, aus der Enttäuschung da und dort Misstrauen gegen die Messung aufkeimen zu sehen. Dass feinere Formverhältnisse am besten durch das Auge aufgefasst und beurtheilt werden, dass manche der Messung gar nicht oder nur äusserst schwer zugänglich sind, lässt sich nicht in Abrede stellen; aber eben so gewiss ist es, dass das Auge nun und nimmer im Stande ist, die innern Structurverhältnisse aufzudecken. Mir scheint, es liege hier derselbe Fall vor, wie in dem Studium der classischen Bauwerke des Alterthums. Wie lange hatte man sie nicht mit dem Auge studirt und geglaubt, sie begriffen zu haben, und doch ergab sich erst dann ein volles Verständniss, als man mit dem Winkelmaass und der Messkette an sie herantrat. Man muss nicht das kleinste Detail, das überliess man dem Auge, aber man muss die Grundlinien, welche jenem verborgen bleiben. So ist es auch im Schädel. Für das Detail bleibt auch hier das Auge der feinste Richter, das Allgemeine dagegen ist Sache der Messung; sie allein ist im Stande, in durchaus objectiver Weise den idealen Grundplan aufzustellen, an dem alle andere einen festen und sichern Rückhalt gewinnt. Erst die Kenntniss dieses Grundplans kann ein wirkliches Verständniss des Details uns verschaffen.

Man hat sich in neuerer Zeit mehr und mehr auf das Studium einzelner Stämme und Völkerschaften beschränkt. So sehr ich auch das Verdienstliche dieser Arbeiten und die Wichtigkeit ihrer Resultate anerkenne, so wenig glaube ich, dass dieses Verfahren zu einer Schädellehre des gesammten Menschengeschlechtes anders als auf vielfachen Irr- und Umwegen zu führen vermag und zwar deshalb, weil hierbei jeder Maasstab für die Beurtheilung der einzelnen Erscheinungen fehlt. Man geht sicherlich viel zu weit, wenn man an jeden Volksnamen eine besondere Schädelform knüpfen will. Wenn man darnach sucht, so findet man sie gewiss, freilich nur um sie später wieder aufgeben zu müssen. In der Geschichte treten gar viele Völkerschaften gesondert auf, die doch nur die Zweige eines und desselben Stammes sind und deshalb nicht wesentliche körperliche Unterschiede zeigen können. Ich will nicht in Abrede stellen, dass vielleicht auch in solchen Fällen Verschiedenheiten vorkommen, aber dann sind sie nicht typische, Raceneigenthümlichkeit bedingende, sondern nur individuelle Besonderheiten, die sich ebensowohl in einem ganzen Stamme, wie in einer einzelnen Familie fortpflanzen und forterben können. Ein richtiges Urtheil über derartige Erscheinungen lässt sich nur dadurch gewinnen, dass eben möglichst viele und möglichst verschiedene Völkerschaften verglichen werden. Entscheidend wird unter allen Umständen der Grundplan sein.

Die Messung ist nicht der Inbegriff der ganzen Schädellehre, aber sie allein ist im Stande, das Fundament zu bauen. Damit sie dies zu thun vermöge, ist es vor allem nothwendig, dass sie ein durchaus einheitliches und rationelles, durch den Bau des Schädels selbst dargebotenes Princip befolge. Ich glaube, dass man darauf zu wenig Rücksicht genommen hat. Man durchmisst den Schädel kreuz und quer, man fügt zu den Linien noch Winkel in grösserer oder geringerer Zahl, aber nirgends ist ein Mittelpunkt, an den sich diese Linien und Winkel anlehnen, auf den sie sich beziehen, sie stehen im eigentlichsten Sinne des Wortes in der Luft. Zudem berücksichtigen die wenigsten die innern Structurverhältnisse; sie halten sich an die äussern Umrisse. Zu welchen Irrthümern diess führt, davon werden wir uns später überzeugen können. Die Methode der Messung muss sich an den ganzen Organismus des Schädels anschliessen und eine stereoskopische Anschauung desselben in den drei Richtungen des Raumes gestatten, sie soll, wo immer möglich, aber auch dazu dienen, die Schädelform als solche in einfachen Linien darzustellen; denn Zahlentabellen sind nicht jedermanns Sache und Vielen wird es schwer, den Begriff der Zahlen in denjenigen der räumlichen Anschauung zu übersetzen. Ein Versuch in dieser Richtung ist meines Wissens nur von Welcker in seinen sogenannten Schädelnetzen gemacht worden; die Form des Kopfes ist dabei jedoch ganz aufgegeben und sie leisten für die Versinnlichung der wirklichen Kopfform kaum mehr als die Zahlen selbst. Die Messung muss aber namentlich auch so eingerichtet werden, dass sie mit Leichtigkeit die individuellen Schwankungen hervortreten lässt. Im allgemeinen ist gewiss viel zu wenig Aufmerksamkeit darauf gerichtet worden zu erfahren, innerhalb welcher Grenzen eine gegebene Form variirt, ohne die Norm zu verlassen. Wir haben bereits betont, wie nirgends vielleicht wie in der Anthropologie der einzelne Fall nur durch Verbindung mit andern Fällen Werth erhält; durch nichts lassen sich aber getrennte Formen so leicht wie durch Zahlen zusammenschmelzen. Je grösser die Reihe der einzelnen Beobachtungen, um so sicherer werden die gewonnenen Mittelwerthe die Individualität abgestreift und sich zum Ausdrucke des reinen Typus erhoben haben. Endlich aber ist es wiederum die Messung, welche allein einer Anforderung Genüge zu leisten vermag, die an jede Vergleichung ähnlicher Gebilde gestellt werden muss. Nur Gleichwerthiges kann wirklich verglichen werden; auch die Schädel müssen demnach vor allem gleichwerthig gemacht werden, um einen sicheren Schluss auf ihre Aehnlichkeit oder Unähnlichkeit zu gestatten. Es geschieht dieses in der Weise, dass alle Grössen auf ein und dasselbe im Schädel selbst enthaltene Maass bezogen werden. Noch immer scheint die Berechtigung zu einer solchen Forderung nicht gehörig anerkannt zu werden, und um so mehr freue ich mich deshalb, in Huxley einen Mitkämpfer für diese Idee erstehen zu sehen. Er betrachtet die Verwirklichung derselben geradezu als die einzige zuverlässige Basis der ethnologischen Schädellehre[1]. Gewiss lässt sich den hier gestellten Anforderungen in verschiedener Weise genügen, zumal auch das Ziel, das man anstrebt, ein verschiedenes sein kann; mir will es scheinen, als ob ein rechtwinkliges Coordinatensystem am passendsten wäre und ich habe darauf eine neue Methode der Schädelmessung gegründet. Eine Veröffentlichung hat bereits früher stattgefunden[2]; ich halte es deshalb für überflüssig, hier noch einmal darauf zurückzukommen. Zweck der gegenwärtigen Darstellung ist vielmehr, die mit ihrer Hülfe gewonnenen Resultate zu entwickeln. Einige wenige Punkte mögen indessen ihrer ganz besondern Wichtigkeit wegen noch einmal besprochen werden.

[1] Huxley, Evidence as to Man's place in Nature. 1863, p. 153; ... until the angles and measurements ...... are determined, and tabulated with reference to the basicranial axis as unity, for large numbers of skulls of the different races of Mankind, I do not think we shall have any very safe basis for that ethnological craniology which aspires to give the anatomical characters of the crania of the different Races of Mankind. p. 148. I have arrived at the conviction that no comparison of crania is worth very much, that is not founded upon the establishment of a relatively fixed base line, to which the measurements, in all cases, must be referred.

[2] Aeby, Eine neue Methode zur Bestimmung der Schädelform des Menschen und der Säugethiere. Braunschweig, 1862. Das vorgeschlagene Princip, alle Schädelmaasse auf eine gemeinsame Grundlinie zu reduciren, ist in neuerer Zeit auch von Krause (Archiv f. Anthropologie 1866, p. 253) angenommen worden. Bei dieser Gelegenheit zieht er gegen die Messung der ganzen Schädel zu Felde, indem er die Behauptung aufstellt, dass mit den Angaben der Schädel-Dimensionen und Formen an sich nichts anzufangen sei, wie nach den Resultaten der bisherigen Untersuchungsmethoden von selbst einleuchte. Wenn aber die Messung des ganzen Schädels nichts ergiebt, so ist auch wohl von derjenigen seiner einzelnen Theile wenig Heil zu erwarten; ich muss nicht überzeugen können, dass die von Krause mitgetheilten Zahlentabellen mehr aussagen als diejenigen anderer Forscher. Dass mit der Messung des ganzen Schädels die Aufgabe der Craniometrie erschöpft wäre, fällt Niemand ein zu behaupten; sie muss nothwendig durch die Messung der einzelnen Theile ergänzt werden; diese für sich allein ist aber sicher noch viel ungenügender als jene. Krause freilich behauptet, dass alle mit den bisherigen Methoden und speciell auch mit der meinen gewonnenen Resultate unverstanden bleiben. Da meine Resultate erst jetzt veröffentlicht werden, so wird es mir wohl gestattet sein, gegen dieses aprioristische Urtheil Einsprache zu erheben. Krause geht davon aus, dass es vor allem darauf ankomme, zu wissen, wie jede Schädelform entstanden sei; diese Forderung finde aber nur dann ihre Erfüllung, wenn man die Wachsthumsgrösse der einzelnen Knochen kenne, da zweifelsohne bei verschiedenen Schädeln dieselbe Form durch verschiedenes Wachsthum verschiedener Knochen factisch hervorgebracht werde. So sehr ich die Richtigkeit dieses Satzes anerkenne, so wenig kann ich daraus die Unzweckmässigkeit, den Schädel in seiner Gesammtform zu untersuchen, folgern. Der gefürchtete Nachtheil kann nämlich offenbar nur dann eintreten, wenn irgend eine Dimension des Schädels verschiedene seiner Knochen umfasst; aber das ist keineswegs immer der Fall. Bei der Bestimmung der Breite und zum Theil auch der Höhe ist der Einwurf von Krause vollkommen unberechtigt; denn es ist hier fast überall nur Ein Knochen, der bestimmt wirkt und von einem verschiedenen Wachsthum verschiedener Knochen kann gar nicht die Rede sein. Es kommt dann ganz auf dasselbe hinaus, ob man nur Schädel oder auch einzelne Knochen misst; nur wird das eine Mal heissen, der Schädel ist in seinem vordern oder hintern Theile so und so breit oder hoch, das andere Mal, das Stirnbein oder das Hinterhauptbein. Ganz anders freilich verhält es sich mit den Längendurchmesser, wo immer mehrere Knochen zusammenwirken. Hier ist es allerdings wünschenswerth, die Antheile jedes einzelnen zu bestimmen und ich habe es für die Stirolein wenigstens gethan. Ob aber überhaupt in dieser Beziehung typische Verhältnisse sich aufdecken lassen, die nicht auch in der gesammten Schädelform ihren Ausdruck finden, dafür muss erst durch eingehende Untersuchungen der noch fehlende Beweis geliefert werden; denn die Hauptsache ist am Ende doch immer die Gesammtform des Schädels und nicht die Gestalt des einzelnen Knochens. Es wäre sogar denkbar, dass in ein und derselben Form nach individuellen Verhältnissen eine Art von Stellvertretung der einzelnen Theile stattfände. Krause macht aber noch meiner Methode, sowie derjenigen von Welcker daraus einen Vorwurf, dass sie mit getheilten Maassstäben arbeite, weil hierdurch spätere Messungen auf wunderbare Weise mit den früheren stimmen. Er beruft sich hierbei auf Kohlrausch, der bei der Bestimmung der Beinlänge vor der Anwendung solcher Maassstäbe warnt, da man sich unwillkürlich nach den gemerkten Grössen richte. Etwas Wahres mag an der Sache sein,

Der Angelpunkt der ganzen Angelegenheit liegt offenbar in der Wahl des Maasses oder der Grundlinie; von ihr hängt alles andere ab. Ich glaube, dass eine rationelle Grundlinie vor allem Einer Anforderung Genüge leisten muss, wenn sie ihren Namen mit Recht führen soll; sie muss in der Structur des Schädels ihre Begründung finden. Die Bedingung möglichster Constans ergiebt sich hieraus von selbst; denn je näher eine Linie dem Mittelpunkte der ganzen Bildung liegt, um so weniger wird sie abzuändern vermögen, ohne dass alles in ihrer Umgebung ebenfalls in Form und Wesenheit anders würde. Die Entwicklungsgeschichte des Schädels allein, sei es innerhalb der Grenzen des einzelnen Individuums, sei es in der ganzen Reihe der Wirbelthiere, kann uns hier Aufschluss ertheilen; giebt sie uns doch Kenntniss von der Bedeutung und der morphologischen Stellung einzelner Abschnitte. Sie lehrt vor allem, dass der Schädel nur eine Modification eines allgemeinen Typus ist, und dass in ihm dieselben Elemente, wie im übrigen Körper, die Wirbel, enthalten sind. Er ist ein Theil der einfachen Grundsäule des Körpers und enthält als solcher zwei einander gegenüberstehende Bogenreihen, eine vordere für das viscerale, eine hintere für das neurale Gebiet. Der Schädel ist demnach gleich dem Rumpfe nichts anderes als ein Doppelrohr, dessen Hälften in gemeinschaftlicher Linie zusammentreffen. Seine specifische Gestalt beruht auf den Beziehungen dieser beiden Hälften zu einander. Wollen wir demnach eine Linie aufstellen, welche den gegenseitigen Entwicklungsverhältnissen als Maasstab dienen soll, so kann es offenbar keine andere als eine solche sein, welche nach allen Seiten hin dieselben Beziehungen unterhält. Es bedarf wohl keines weitern Beweises, dass nur eine beiden Abtheilungen des Kopfes gemeinschaftliche, also an ihrer Berührungsstelle liegende Linie diese Bedingungen erfüllen kann, und nur darüber darf vielleicht ein Zweifel erhoben werden, in welcher Richtung sie gezogen werden soll, ob quer oder der Länge nach; denn die schiefe schliesst sich wohl von selbst aus. Der Bauplan des Schädels hat hier zu entscheiden. Ist er, wie wir betont haben, das Product einer linearen Vereinigung gleichwerthiger Elemente, so muss die natürliche Achse mit der Vereinigungslinie, also mit der Reihe der Wirbelkörper zusammenfallen. Nach meiner Ansicht und auch nach derjenigen von Huxley (a. a. O. p. 148 u. 153) ist diess die einzige rationelle Linie, die wahre Achse, um die alles andere sich dreht und wendet, und deshalb auch die einzige Linie, welche uns die wahre Form, die Aehnlichkeit oder Unähnlichkeit verschiedener Schädel aufdeckt. Würde wohl, wenn es sich um die Ausbildung der beiden Röhren im Rumpfe handelte, Jemand nach nur von ferne daran denken, die Grundlinie anderswohin als in die Längsrichtung der Wirbelkörper zu verlegen? Gewiss nicht. Was aber dort gilt aus allgemein morphologischen Gründen, das gilt auch nicht weniger für den Schädel, wenn man nicht der grössten Inconsequenz sich schuldig machen und den Grundgesetzen des Organismus widersprechen will. Zweifelsohne ist auch gerade diess die Linie, welche am meisten den Einflüssen und den selbständigen Schwankungen zufälliger Gestaltung entrückt ist. Ihre Umänderung führt nothwendigerweise zu einem Umbau nicht bloss des Schädels, sondern auch seines Inhaltes; denn von ihr vor allem hängt die Entwicklung der Stammtheile des Gehirns ab. Es ist aus diesen Gründen auch wohl die einzige Linie, welche einen directen Vergleich zwischen menschlichen und thierischen Schädeln mit Sicherheit und Leichtigkeit gestattet.

Schwieriger als die Bestimmung der Richtung gestaltet sich für unsere Linie diejenige der Länge, weniger freilich dem Princip als der Ausführung nach; denn durch jenes wird sie ohne Weiteres der Länge der Kopfwirbelreihe gleich gesetzt. Es wird sich somit nur darum handeln, ob die Endpunkte dieser Reihe leicht erkennbar sind. Man hat sich gewöhnt die Elemente des Kopfes in der Richtung

wo wie im angegebenen Falle die Endpunkte der zu messenden Linie nicht scharf hervortreten und ihre Wahl demnach eine mehr oder weniger willkürliche ist. Bei der Messung des Schädels nach einem rechtwinkligen Coordinatensystem sind die meisten Punkte aber mit mathematischer Sicherheit schon durch den Apparat gegeben und es fällt also die Willkür der Wahl weg. Im Übrigen ist es mir nie eingefallen, den gleichen Schädel mehrmals zu messen, nachdem ich mich überzeugt hatte, dass die Fehler der Messung weit innerhalb der Grenzen individueller Schwankung liegen. Ungetheilte Maassstäbe können also die Arbeit nur in nachtheiliger Weise vermehren, da sie, wie die Technik schon lange zeigte, den getheilten nicht nur an Bequemlichkeit, sondern auch an Genauigkeit nachstehen.

von hinten nach vorn zu zählen; es wird demnach für unsere Linie dorthin der Anfang, hierhin das Ende zu verlegen sein. Jener ist durch das hintere Ende des ersten Kopfwirbelkörpers, also durch den vordern Rand des Hinterhauptsbeines zu scharf und unzweideutig gegeben, als dass darüber der geringste Zweifel obwalten könnte. Aber dieses? Theoretisch muss es mit dem vordern Ende des letzten Kopfwirbels zusammenfallen; doch hier beginnt die eigenthümliche Schwierigkeit, die indessen glücklicherweise grösser für die Theorie als für die Praxis ist. Schon früher wurde, wenn auch zu andern Zwecken und nicht als Grundmaass des Schädels, unsere Linie gezogen; es geschah diess von Virchow und später von Welcker; sie liessen sie einfach am Rücken der Nase in der Sutura nasofrontalis enden und belegten sie deshalb mit dem Namen der linea nasobasilaris. Offenbar ist aber hierbei in der Reihe der Wirbelkörper mindestens Ein fremdes Element, die durch die Entwicklung der Sinus frontales sehr bedeutende und, was schlimmer ist, sehr veränderliche Dicke des Stirnbeins, eingeführt. Weit kürzer ist die Linie von Huxley, die er als basicranial axis bezeichnet u. a. O. p. 148 u. ff. Sie umfasst nur die Körper des Hinterhauptbeines und der beiden Keilbeine und findet mithin ihren Abschluss am hintern Rande der Siebbeinplatte. Es lässt sich nicht leugnen, dass diese Linie theoretisch viel für sich hat. Berücksichtigen wir nämlich den Aufbau des Gehirnschädels, so tritt uns ein eigenthümliches Moment unverkennbar entgegen. Drei Wirbel sind es, die sich mit einander verbinden und im allgemeinen den gleichen Entwicklungsgang verfolgen. Sie sind besonders dadurch ausgezeichnet, dass über den Körpern verhältnissmässig ausserordentlich weite Nervenbogen sich erheben und zwar so, dass die Ausweitung nach allen drei Hauptrichtungen, vertical, transversal und sagittal erfolgt. Da der Körper an demselben keinen Theil hat, so ergiebt sich mit Nothwendigkeit, dass sie in dem Bogen nicht an allen Stellen gleich gross sein kann; von jenem abhängig wird der letztere in seiner Gestaltung um so freier, je weiter er sich von ihm entfernt. Die Ausweitung steht demnach in geradem Verhältnisse zu dem Abstande vom Körper, und der ganze Wirbel gewinnt die Gestalt eines Keiles, dessen Spitze in seinem Körper, dessen Basis in seinem Bogen liegt. Fügen wir nun drei sogestaltete Elemente zusammen, so wird die Form des entstehenden Rohres offenbar eine ganz andere sein, als wenn wir drei gewöhnliche Wirbel mit einander verbunden hätten. Bei diesen (Fig. I. C_1, C_2, C_3) muss die Länge der Bogenreihe derjenigen der Körperreihe entsprechen, und wir erhalten ein Rohr mit geradliniger Achse, dessen

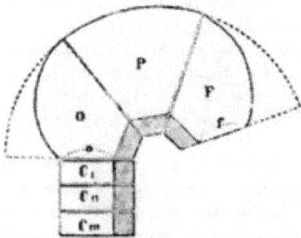

Fig. I.

Endflächen parallel zu einander stehen; bei jenen dagegen (O, P, F) bedingt die Keilform der einzelnen Elemente ein Ueberwiegen der Bogenlänge gegenüber der Körperlänge. Zugleich verhindert die Keilform die geradlinige Aneinanderfügung der einzelnen Wirbelachsen; die aus ihr hervorgehende Linie ist eine geknickte, eventuell eine Bogenlinie. Die grössere Länge der Bogen lässt sie die Körper nach vorn und hinten überragen; die Endöffnungen des Rohres verlieren ihren Parallelismus, sie divergiren gegen die Peripherie der Bogen hin und nähern sich dadurch einer gemeinsamen Horizontalen. Bei gleicher Entwicklung aller Elemente muss natürlich die Weite des entstehenden Rohres überall dieselbe sein und es müssen die beiden Endöffnungen nicht nur sich selbst, sondern auch jedem beliebigen Querschnitte des Rohres entsprechen. Dieses einfache Verhalten wird nun beim Schädel dadurch modificirt, dass sein Rohr gezwungen wird, sich nach vorn abzuschliessen, nach hinten aber sich dem viel engern Rohr der übrigen Körperwirbel anzupassen. Es zieht sich deshalb der vordere Wirbel (F) in seinem vordern, der hintere Wirbel (O) in seinem hintern Ende zusammen, und nur der mittlere Wirbel (P) bleibt unversehrt; er allein ist cylindrisch, während jene eine Trichterform anzunehmen gezwungen sind, da sie mit ungleich weiten Räumen in Verbindung treten. Die Endöffnungen unsres Rohres sind demnach auch die Stellen seines geringsten Querdurchmessers; man kann sie als foramen occipitale (o) und for. frontale (f) bezeichnen. Der Rand des letztern gehört nicht wie derjenige des erstern einem geschlossenen Ringe an, weil der Körper des betreffenden Wirbels (das vordere Keilbein) nicht mit seinem Bogen (Stirnbein) unmittelbar zusammenhängt; es wird deshalb auch in der speciellen Anatomie als incisura ethmoidalis des Stirnbeins beschrieben. Wie verschieden also die beiden Oeffnungen physiologisch sich verhalten mögen, morphologisch sind sie, wie aus dem Gesagten hervorgeht, als durchaus gleichwerthig zu betrachten. In idealer Gestaltung wird dieser Gedankengang in Figur 1 veranschaulicht.

Es bilden somit die Körper des Hinterhaupt-, Mittelhaupt- und Vorderhauptwirbels die natürliche Achse, auf welcher die Hirnkapsel aus den entsprechenden Bogen sich aufbaut, und es ist deshalb die von Huxley angenommene Linie in jeder Hinsicht eine durchaus rationelle und berechtigte, doch lässt sich keineswegs verkennen, dass ihr Werth für den Hirnschädel bedeutender ist als für den Gesichtsschädel. Ausserdem wissen wir, dass die Reihe der Kopfwirbel sich nicht auf die genannten drei Elemente beschränkt, dass vielmehr noch ein viertes hinzutritt, das für jenen freilich rudimentär, für diesen dagegen von hervorragender Bedeutung ist. Es ist diess der Nasenwirbel, wie wir ihn nennen wollen, der einerseits in Verbindung mit Sinnesknochen die incisura ethmoidalis verlegt und andererseits zur Grundlage des Oberkiefers wird. Wie haben wir uns nun gegenüber diesem vorlersten Bestandtheile der Schädelbasis zu verhalten? Dürfen wir ihn, wie Huxley gethan, ausser Acht lassen oder sollen wir ihn ebenfalls den Wirbelkörpern beizählen? Baer hat die letztere Frage bejaht und er bezeichnet den Abstand des foramen coecum vom for. occip. magnum als die Länge der Kopfwirbelsäule. Ich glaube, dass man für beide Anschauungen Gründe beibringen kann. Wenn ich mich der letzteren angeschlossen und die Baer'sche Linie zu meiner Grundlinie gemacht habe, so geschah diess aus theils theoretischen, theils praktischen Rücksichten. Um mit letztern zu beginnen, so stellt sich der Anwendung des Huxley'schen Princips eine grosse Schwierigkeit dadurch entgegen, dass es die mediane Durchsägung des Schädels erfordert, während meine Linie auch am unversehrten Schädel sich mit Sicherheit bestimmen lässt. Huxley verlangt freilich, dass es als ein Schimpf für eine craniologische Sammlung angesehen werde, auch nur einen einzigen nicht in der genannten Weise durchsägten Schädel zu besitzen; aber aus mancherlei verschiedenen Gründen wird es noch gute Weile haben, bis diese Forderung Befriedigung findet. Grösseren Werth als auf diesen praktischen Vortheil lege ich indessen darauf, dass meine Linie dem Gesichtsschädel gerechter wird und nicht alles Gewicht in den Hirnschädel verlegt.

Vom rein morphologischen Gesichtspunkte aus sind die beiden genannten Linien jedenfalls die rationellsten; für eingehendere Studien eignen sie sich besonders auch deshalb, weil sie allein eine directe Vergleichung der Menschenschädel nicht bloss unter sich, sondern auch mit Thierschädeln gestatten. In dieser Beziehung ist die Linea naso-basilaris mehrerer Autoren vollkommen unbrauchbar; sie gestattet nur die Vergleichung der Menschenschädel.

Das mitgetheilte Schema des Schädels (Fig. 1) macht noch auf einen wichtigen Punkt aufmerksam; es zeigt, dass die keilförmige Gestaltung des Bogens keine geradlinige Aneinanderfügung der Wirbelkörper verträgt. In Wirklichkeit werden zwar freilich die dort so stark hervortretenden Knickungen durch Schiefstellung der Bogen zum Theil wieder ausgeglichen; immerhin entspricht unsre Grundlinie nicht der eigentlichen Achse, es ist nur die Gerade, auf welche jene sich beziehen lässt. Zur vollständigen Kenntniss gehört deshalb offenbar die von mehreren Seiten bereits ausgeführte Bestimmung der Winkel, die individuell ziemlich verschieden zu sein scheinen.[1]

---

[1] Ich habe diese Winkel nicht bestimmt, da ich an meinem Zwecke ihrer nicht bedurfte. Untersuchungen darüber sind in neuester Zeit von Welcker (Wachsthum und Bau etc.) gemacht worden. Es kann ein Winkel aber nicht als genaues Maass für die Knickung der Schädelwirbelsäule gelten, da er den einen Schenkel über das vordere Ende der letzten hinaus an die Nasenwurzel legt und mithin einem der eigentlichen Basis fremden Punkte anpasst. Welch wichtiger Einfluss überhaupt der stärkern oder schwächern Entwicklung des Stirnbeins zukommt, beweisen die von Welcker selbst (Tab. 16) in-

Bei der Wichtigkeit der allgemeinen Grundlinie hielt ich es keineswegs für überflüssig, sie hier noch einmal eingehend vom theoretischen und praktischen Gesichtspunkte aus zu beleuchten. Was das übrige meiner Methode, was namentlich auch die Technik ihrer Ausführung anbetrifft, so kann ich mich einfach auf meine frühere Abhandlung beziehen. Zur Erleichterung des Verständnisses habe ich die verschiedenen Messungsebenen sammt den eingezeichneten Linien und ihrer Bezeichnung auf Tafel I. und II. zusammengestellt. Es sind deren vier, wovon die eine als Medianebene die Länge und Höhe, die drei andern als Frontalebenen die Breite und Höhe des Schädels zur Anschauung bringen. Sie enthalten sämmtliche Dimensionen des Schädels und machen deshalb die so beliebten Horizontalebenen überflüssig. Letztere werden übrigens mit Leichtigkeit durch die Combination der Länge der Medianebene mit der Breite der Frontalebene erhalten, wie diess aus Fig. 2 der Taf. V. hervorgeht. Dem Unterkiefer habe ich keine Aufmerksamkeit geschenkt, einestheils weil seine Bildung zu sehr nach dem Stand des Gebisses ändert, anderntheils weil er nach unserm System nichts weiter hätte besagen können, als was bereits durch den übrigen Schädel gegeben ist.

Der Zweck meiner Untersuchungen bestand in der Gewinnung von gleichwerthigen Normalschädeln mit möglichstem Ausschluss jeglicher individueller Gestaltung, in der festen Ueberzeugung, dass nur auf diesem Wege ein wohlbegründetes Resultat sich gewinnen lässt. Ich habe dabei auf das Geschlecht keine Rücksicht genommen, weil in der Beziehung die Sammlungen allzu ungenügend sind. Die genaue Vergleichung von männlichen und weiblichen Schädeln überlasse ich denen, welche im Besitze des gehörigen Materiales sind. Die Vermischung beider Geschlechter ist sicher nicht von Nachtheil, wo es sich um Gewinnung allgemeiner Raceunterschiede handelt, zumal die Vermischung überall wiederkehrt. Die Scheidung nach dem äussern Verhalten ist noch zu trügerisch, um zuverlässige Resultate zu liefern; denn es ist fraglich, ob die von Ecker[1] hervorgehobene charakteristische Eigenthümlichkeit in der Form des weiblichen Schädels bei allen Völkern sich unzweideutig findet; in unserer Gegend wenigstens ist es entschieden nicht der Fall. Dasselbe gilt auch von der Grösse. Dass die kleinere Statur des Weibes auch einen kleineren Kopf verlangt, ist gewiss nicht zu bezweifeln, aber die individuellen Schwankungen sind viel zu bedeutend, um darauf einen sichern Schluss bauen zu können, besonders wenn es richtig ist, dass in den niedrigeren Völkerschaften Mann und Weib einander näher stehen als in den höhern.[2] Ich bin natürlich weit entfernt, den Einfluss des Geschlechtes in Abrede zu stellen; doch halte ich es für gefährlich, denselben aus einem nicht ganz sichern Material bestimmen zu wollen. Das Eingeständniss eines Mangels ist der Wissenschaft förderlicher als der Schein der Genauigkeit. Welcker[3] stellt übrigens geradezu den Satz auf, dass der männliche und weibliche Schädel in ihren Maassen und Proportionen weiter von einander abweichen, als gar manche der sogenannten typischen Schädelformen, sowie zahlreiche Raceuschädel. Handle es sich daher um irgend schärfere Kritik, so seien männliche und weibliche Schädel gleich zwei verschiedenen Species aus einander zu halten; denn die aus beiden Geschlechtern gezogenen Mittel des „Menschenschädels" seien, mindestens für Detailvergleichungen, von sehr zweifelhaftem Werthe. In der speciellen Ausführung wird dann namentlich hervorgehoben, dass der Schädel des Weibes schmäler und niedriger, dafür aber länger sei, als derjenige des Mannes. Dieselbe Ansicht wird auch von Ecker (a. a. O.) angenommen. Es musste mir natürlich daran gelegen sein, zu erfahren, ob in der That die Unterschiede so beträchtlich und einer schärfern Kritik so gefährlich seien. In meinen reducirten Schädeln, soweit dieselben nach dem Geschlechte bezeichnet waren, suchte ich umsonst nach Anhaltspunkten. Um ganz sicher zu gehen, unterwarf ich die

einandergezeichneten Medianprofile verschieden zeitiger Orange. Der Sattelwinkel soll bei ihnen um 20° schwanken. Schliesst man aber das Stirnbein dadurch aus, dass man den einen Schädel an das vordere Ende des lang. erzeugten anlegt, so sind sich die Winkel vollkommen gleich. Die Verschiedenheit rührt also hier nicht (wie Welcker beweisen will) von einer Streckung der Basis, sondern von der stärkern Entwicklung des Stirnbeins her.

[1] Archiv f. Anthropologie. 1866. p. 81.
[2] Huschke, Schädel, Hirn und Seele. Jena, 1854. p. 18.
[3] Wachsthum und Bau des menschlichen Schädels. p. 65 und Archiv f. Anthropologie I. p. 120

von mir selbst von Anatomieleichen gewonnenen und sorgfältig controllirten Schädel unserer Sammlung einer eigens darauf gerichteten Untersuchung. Ich wählte dazu 15 Männer- und 10 Frauenschädel von meist mittlerem Alter und erhielt als Mittelzahlen für die absolute Grösse in Millimetern:

	Länge der Grund-linie.	Schädelbreite zwischen den pori acust. ext.	Grösste Schädel-breite.	Breite zwischen den proc. zyg. d. Stirnbeins.	Grösste Schädel-höhe.
Männer.	87.5.	125.7.	146.2.	105.0.	126.2.
Weiber.	81.0.	122.9.	142.2.	100.5.	121.7.

Eine Differenz der absoluten Grössen ist hier allerdings vorhanden, aber es darf gefragt werden, ob sie nicht in der verschiedenen Grösse des Schädels überhaupt ihre Erklärung finde. Der Entscheid kann nicht schwer fallen, wenn wir die Grundlinie in beiden Fällen gleich 100 setzen und alle übrigen Werthe darnach berechnen; wir erhalten dann:

	Länge der Grund-linie.	Schädelbreite zwischen den pori acust. ext	Grösste Schädel-breite.	Breite zwischen den proc. zyg. d. Stirnbeins.	Grösste Schädel-höhe.
Männer.	100.	143.8.	167.1.	120.9.	144.2.
Weiber.	100.	146.2.	169.3.	119.6.	144.9.

Wir finden hier nichts weniger als eine Bestätigung des Welcker'schen Satzes. Die auf die gleiche Grundlinie berechneten Schädel des Mannes und des Weibes sind vollkommen gleich, ja in der Höhe und Breite sind entgegen Welcker eher kleine Differenzen zu Gunsten des letztern; ich halte sie für zufällige; jedenfalls sind sie aber so unbedeutend, dass eine Vereinigung der Schädel beider Geschlechter zu gemeinsamen Mittelzahlen in den reducirten Grössen durchaus berechtigt ist. Gestützt auf obige Zahlen und auf zahlreiche einzelne Beobachtungen stellen wir die Richtigkeit des von Welcker zuerst aufgestellten und später von Ecker anerkannten Gesetzes in Abrede; die geringere Höhe und Breite des weiblichen Schädels ist nur eine absolute, nicht aber eine relative. Unsere Beobachtungsreihe ist gross genug, um diese Behauptung zu rechtfertigen, da nach Welcker (a. a. O. p. 125) die von ihm betonten Verschiedenheiten fast durchweg schon aus dem Mittel von drei Frauenschädeln sich sollen erkennen lassen. Wir können aber zu unsrer Beweisführung die Welcker'schen Tabellen selbst benützen. Als Mittel aus je 30 normalen Männer- und Weiberschädeln ergeben sie nämlich (Wachsthum und Bau etc. p. 131 und 132) in Millimetern:

	Grundlinie nach Welcker (a. b.)	Querdurchmesser.	Höhendurchmesser.
Männer.	100.	115.	133.
Weiber.	93.	134.	123.

Berechnen wir[1] wie vorhin, so bleiben die Grössen für den Mann dieselben, für das Weib aber erhalten wir:

	100.	114.1.	132.3.

also Grössen, die als identisch mit denjenigen des Mannes zu betrachten sind. Das Resultat ist also genau das von uns gefundene und bestätigt wiederum den Satz, dass nur die Grösse, nicht aber die Form des weiblichen Schädels wesentlich von derjenigen des männlichen abweicht.

Wie kommt denn aber Welcker zu den die auffällige Differenz ergebenden Zahlen? Einfach dadurch, dass er die Höhe und Breite auf die Gesammtlänge des Schädels bezieht. Wir werden nun aber später sehen, dass es kaum ein schlechteres Einheitsmass geben kann, als das Längenmass des Schädels, indem es von den durchaus unsichern und schwankenden Verhältnissen des Hinterhauptes abhängig ist. In der That sehen wir auch in den Welcker'schen Tabellen das Hinterhaupt des Weibes ansehnlich länger als dasjenige des Mannes und dadurch wird natürlich bei der Reduction der Werth aller übrigen Durchmesser herabgesetzt. Kann aber wohl der geringste Zweifel darüber herrschen, dass

---

[1] Wir berechnen hier auf die Grundlinie von Welcker (a. b.) und nicht auf die vorige, da die Resultate in beiden Fällen dieselben und nur die Zahlen etwas andere sein werden.

die innerhalb der weitesten individuellen Grenzen schwankende Grösse des Kopfes, die Länge des Hinterhauptes, nicht in dem Maasse für die übrigen Schädeltheile enthalten sein darf? Gewiss nicht. Also nicht in der geringen Höhe und Breite, sondern in der grössern Länge des Hinterhauptes liegt in den Welcker'schen Beobachtungen der Unterschied des männlichen und weiblichen Schädels. Sollte diese Beobachtung allgemein bestätigt werden, so wäre sie interessant genug; immerhin kann auch dieser Umstand den Werth allgemeiner Mittelzahlen nicht vermindern, da die Differenzen noch weit innerhalb der individuellen Schwankungen liegen. In den beiden von mir zusammengestellten Untersuchungsreihen männlicher und weiblicher Schädel zeigt in der ersteren das Hinterhaupt eine Länge von 59.3, in der letzteren von 61 Mm., was in procentischer Berechnung die Werthe von 67,9 und 72,6 erzielt. Es beweist diess bei der sonst durchaus gleichen Ausbildung der Schädel ebenfalls ein absolutes und relatives Ueberwiegen des weiblichen Hinterhauptes.[*]

Vielfältig wird auch die geringere Grösse, namentlich die geringere Höhe des weiblichen Gesichtsschädels gegenüber dem männlichen betont. Ich habe, um diess zu prüfen, folgende Maasse genommen und für sie als Mittel der gesammten Schädel in Millimetern erhalten:

	Höhe des Gesichts.	Grösste Breite des obern Zahnbogens.	Distanz der Jochbogen.
Männer.	56.1.	60.1.	125.6.
Weiber.	55.0.	55.8.	126.4.

Auf die Grundlinie berechnet geben sie die Werthe:

Männer.	64.5.	69.0.	142.6.
Weiber.	65.5.	66.4.	150.6.

Als Gesichtshöhe habe ich die Entfernung der Nasenwurzel von dem vordern Nasenstachel gewählt, weil deren Prüfung für mich allein Werth hatte und für die Gesammthöhe die wechselnde Gestaltung der Zähne zu unsichere Ergebnisse geliefert hätte. Demnach verhält sich der Gesichtsschädel ähnlich wie der Gehirnschädel. Das Weib unterscheidet sich von dem Manne wesentlich nur durch die geringere absolute Grösse seines Schädels. Zwar ist auch die Breite des obern Zahnbogens in unserm Falle um weniges kleiner; da aber die Distanz der Jochbogen sich grösser ergiebt als beim Manne, so wird der Zweifel gestattet sein, ob eine derartige Differenz constant oder nur zufällig auftrete.

Wie dem auch sei, so glaube ich den Beweis geliefert zu haben, dass die in neuester Zeit für den weiblichen Schädel behaupteten relativen Maassunterschiede nicht existiren, mit einziger Ausnahme einer etwas stärkern Entwicklung des Hinterhauptes, und dass demnach die den folgenden Betrachtungen zu Grunde gelegten Mittelzahlen aus der Vermischung der Schädel beider Geschlechter nicht den geringsten Nachtheil erleiden. Ob im Weibe der Antheil einzelner Knochen an der Erzeugung der Schädelform ein anderer ist als im Manne habe ich bis jetzt nicht untersucht, da diese Frage für meinen Zweck zunächst nicht von Belang ist. Mir galt es nur den Nachweis zu liefern, dass die theoretisch ganz berechtigte Forderung von Welcker, bei jeder Untersuchung männliche und weibliche Schädel wie zwei Species zu trennen, nur für die Prüfung der absoluten, nicht aber der auf die natürliche Achse des Schädels bezogenen Grössen von Bedeutung ist.

[*] Ein ähnliches Resultat geht auch aus den Zahlen von Weisbach hervor. (Medic. Jahrbücher der k. k. Gesellsch. der Aerzte zu Wien 1864.)

III. Schwankungsgrösse der Schädelform.

Wir haben es als eine Nothwendigkeit bezeichnet, die Grenzen ausfindig zu machen, innerhalb deren die Form eines Schädels, ohne der normalen Bildung verlustig zu gehen, sich bewegt. Die Schwankungen der absoluten Grössen sind schon oft bestimmt worden, und wir wissen auch aus dem täglichen Leben, dass es grosse und kleine Köpfe giebt. Streng genommen erfordert ein derartiges Unternehmen stets die Berücksichtigung des ganzen Körpers, da sich die Grösse des Kopfes nothwendigerweise nach derjenigen des letzteren richtet. Nicht diese Schwankungsverhältnisse jedoch sind es, denen wir hier unser Augenmerk zuwenden. Für uns haben nur diejenigen ein Interesse, welche sich auf die Aenderung der Form ohne Rücksicht auf die absolute Grösse beziehen, und aus deren Kenntniss allein ein Schluss auf die Beziehungen verschiedener Formen zu einander gezogen werden kann, da durch sie die Bedeutung der Mittelform bestimmt wird. Die Berechnung von Coefficienten aus den verschiedenen absoluten Werthen verschafft nicht die Klarheit der Anschauung, welche aus der Reduction auf eine gemeinsame Grösse sich ergiebt. In den Zahlentabellen der mittlern Schädelformen oder der „Normalschädel" habe ich, um letztere in das richtige Licht zu stellen, überall die Grenzwerthe der einzelnen Beobachtungen beigefügt. Ein oberflächlicher Blick genügt, um zu zeigen, dass sie ziemlich weit auseinanderfallen können. Beim Menschen ist dies besonders bei dem Hirnschädel der Fall, was wohl mit seiner stärkeren Entfaltung überhaupt zusammenhängt. Hierfür spricht wenigstens der Umstand, dass bei Thieren mit stark ausgebildetem Gesichtsschädel die schwankenderen Verhältnisse diesem zufallen. Im menschlichen Schädel zeichnet sich besonders das Hinterhaupt durch ungleiche Entwicklung aus. Ich erwähne beispielshalber den Finnländer, wo die Abscisse um 36 und den Tungusen, wo sie sogar um 35°/₀ der Grundlinie schwankte, ohne dass der geringste Grund vorgelegen hätte, die eine oder die andere Form für abnorm zu erklären. Durchschnittlich freilich sind die Unterschiede geringer und jedenfalls sind sie nirgends so gross, um aus einer grössern Beobachtungsreihe gewonnene Mittelzahlen werthlos zu machen. Immerhin liegt in ihnen eine ernste Aufforderung, zur Gewinnung einer wissenschaftlichen und zuverlässigen Basis für die Craniologie in der Aufstellung von Normalschädeln die individuellen Eigenheiten aufzuheben; sie sprechen laut genug, wie misslich, ja geradezu unzulässig es ist, wenn, wie dies so oft geschieht, ein einzelner Schädel zu allen möglichen Schlussfolgerungen verwendet wird. Die Möglichkeit so beträchtlicher Schwankungen erfordert zur Tilgung ihres Einflusses eine ansehnliche Zahl von Beobachtungen, und wenn ich auch meinen Schädeln den Namen der Normalschädel beigelegt habe, so soll damit nicht gesagt sein, dass sie das Ideal der Normalform darstellen und dass nicht ausgedehntere Forschungen noch da und dort Aenderungen und Verbesserungen anzubringen vermöchten. Nichts destoweniger halte ich mich zu der Annahme berechtigt, dass für die Gewinnung allgemeiner Gesetze die von mir benutzte Schädelzahl genüge; auf kleinliche Unterschiede ein Gewicht zu legen, muss man sich überhaupt hüten. Ich habe bei der Aufstellung der Normalschädel alle Schädel, die sich mir darboten, ohne Auswahl verwerthet, mit einziger Ausnahme derer, die entschieden pathologische Bildung verriethen. Gewiss waren aber auch viele von den benutzten noch in geringem Maasse von Entartung und Verbildung ergriffen. Wer vermag den Einfluss genau zu berechnen, den so viele Momente unserer Civilisation, den Rhachitismus und andere Krankheiten ausüben, ohne dass auffällige Missbildungen eintreten? Sicher Niemand. Ich glaube deshalb auch, dass ein Auswählen nur zur Willkür und demnach zur Gewinnung fehlerhafter Resultate führen würde. Es könnte je nachdem der einzelne dieser oder jener Ansicht huldigt, nicht anders als sehr verschieden ausfallen.

IV. Form des Menschenschädels.

Die Form des Schädels wird aus dem Verhalten einzelner leicht bestimmbarer Durchschnitts-flächen oder Ebenen erkannt, aus deren Combination ein stereoskopisches Bild sich gewinnen lässt. Wir müssen vor allem mit diesen Elementen, die median und frontal den Kopf durchsetzen, uns vertraut machen.

A. Schädelebenen.

1. Medianebene (M).

Von allen Ebenen, welche sich durch den Schädel legen lassen, ist die mediane ohne Zweifel die wichtigste, weil sie in gleicher Weise den Hirn- und Gesichtstheil durchzieht und so ihre gegenseitigen Beziehungen hervortreten lässt. Sie umfasst den im ganzen ovalen Raum des Hirnschädels von der Nasenwurzel bis zum hintern Umfang des for. magnum, so wie das zwischen die Nasenspitze, das vordere Ende des Oberkiefers und das hintere Ende des harten Gaumens eingeschlossene Dreieck des Gesichts-schädels. Dass aber gerade auf dem Wechselverhältniss dieser beiden die charakteristische Form des Schädels beruht, ist eine längst bekannte Thatsache. Schon Camper war ja in seinem vielbe-sprochenen Gesichtswinkel bestrebt, diesem Verhältnisse einen mathematischen Ausdruck zu geben, und später hatte Cuvier in etwas anderer, aber ebenfalls ungenügender Weise dieselbe Aufgabe zu lösen versucht.

a. Hirnschädel.

Nach den bisherigen Anschauungen durfte ich wohl annehmen, dass wenn irgendwo gerade hier charakteristische Verschiedenheiten der Völker aufzufinden seien. Der Erfolg entsprach keineswegs den Erwartungen. Statt der vermutheten Gegensätze trat die grösste Uebereinstimmung zu Tage, besonders in der Entwicklung der vordern Hälfte, wenn wir von einigen untergeordneten Differenzen vor der Hand absehen, während allerdings bedeutendere Unterschiede in der hintern Hälfte, also im Bereiche des eigent-lichen Hinterhauptes sich zeigten, indem das letztere in sehr verschiedenem Maasse vorsprang. Nehmen wir die beiden am weitesten auseinander liegenden Beobachtungen, so begegnen wir einerseits dem Sand-wichinsulaner mit einer Hinterhauptsachse von nur 51,° andererseits aber dem Schweden mit einer solchen von 83; es ergiebt sich hieraus eine Differenz von vollen 32*. Als Mittel habe ich für die Grösse des Hinterhauptes 67,5 gefunden, ein Werth der genau in der Mitte zwischen den beiden Grenzwerthen steht. Entsinnen wir uns der beträchtlichen individuellen Schwankung, welcher das Hinterhaupt ausgesetzt ist, so möchte sich vielleicht der Argwohn erheben, die auffällige Erscheinung werde nur durch sie in durch-aus zufälliger Weise herbeigeführt. Ein Blick auf unsere Zahlenreihe muss indessen eines anderen be-lehren, indem er uns zeigt, dass die verschiedenen Werthe nicht regellos auftreten, dass vielmehr, eine ganz bestimmte Beziehung zu gewissen ethnologischen Gruppen besteht. Es ergiebt sich unzweifelhaft, dass die Völker der nördlichen Hemisphäre durchschnittlich ein stärker entwickeltes Hinterhaupt be-sitzen, als diejenigen der südlichen. Eine Ausnahme machen nur einige amerikanische Völkerschaften, doch werden wir später sehen, dass diese mit noch andern Thatsachen im vollsten Einklange stehen. Auch einige Negervölker, die Buschmänner, die Hottentotten und die Sudanesen nähern sich dem

*) Um Missverständnissen zu begegnen mache ich ausdrücklich darauf aufmerksam, dass alle Zahlenangaben dieser Abhandlung, wo nicht das Gegentheil bemerkt ist, Procente der Grundlinie ausdrücken.

nördlichen Typus, doch nur in seinen niedern Graden. Uebrigens dürfen wir die im folgenden aufgestellte Reihenfolge nicht zu streng nehmen, indem weitere Untersuchungen zweifelsohne manche Procentsätze etwas ändern werden; nichts destoweniger scheint mir bei dem regelmässigen Gange der Ergebnisse die Richtigkeit des Hauptresultates unserer Frage gestellt. Darnach zeigt sich eben im allgemeinen eine Verkürzung des Hinterhauptes von Norden nach Süden hin, und zwar folgendermaassen:

Länge d. Hinterhauptes

Schwede	83.
Guanche	82.
Holländer	80.
Jude	75.
Zigeuner	73.
Lappe, Buschmann	72.
Finnländer, Baschkire, Botocude	71.
Däne der Steinperiode, Graubündtner, Hottentotte, Grieche	70.
Etrusker, Puri	69.
Neger aus Sudan	68.
Hindu, Schädel aus den Knochenhöhlen von Brasilien, Grönländer, Malabare, Caraibe.	67.
Tartar, Kosak	66.
Russe, Aegyptische Mumie, Nicobaro	65.
Kaffer, Buggise, Marasser, Türke, Nukahiver, Pacaguaraner, Mahratte	64.
Chinese, Einwohner der Sundainseln	63.
Neu-Holländer	62.
Angoloneger	60.
Mozambiquerneger, Javanese	58.
Congoneger	57.
Tonguinsulaner	55.
Sandwichinsulaner	51.

Wie hoch man auch immer den Einfluss der individuellen Bildung in Folge ungenügenden Materials anschlagen mag, so wird man doch zugeben müssen, dass nicht bloss die Laune des Zufalles diese Reihenfolge bedingen konnte, und diess um so weniger, als wir später erfahren werden, dass sie noch mit andern Verhältnissen zusammentrifft. Es ist deshalb nicht wahrscheinlich, dass eine bloss zufällige Bildung uns hier entgegentrete. Der einzelne Schädel kann freilich in seltenen Fällen individuell alle Stufen durchlaufen; schon früher haben wir des Finnländers gedacht, der mit 56° beinahe an das unterste Glied der ganzen Reihe reicht, während er mit 92 das oberste um ein namhaftes überragt.[1]

Je nach der Ausbildung des Hinterhauptes muss auch die Gesammtform des Kopfes wesentliche Verschiedenheiten darbieten. Dieselben betreffen, da das Vorderhaupt verhältnissmässig nur geringe Abänderungen erleidet, zunächst den Anschluss des Scheitels an das Hinterhaupt. Bei starker Ausdehnung des letztern erzeugt sich eine gleichmässige, in sanfter Rundung fortlaufende Curve, wie z. B. beim Schweden und Guanchen; bei geringerer Entwicklung dagegen bildet sich zwischen Hinterhaupt und Scheitel eine mehr oder weniger ausgesprochene, individuell ausserordentlich wechselnde Knickung, wodurch der Kopf in eine vordere und hintere Abtheilung geschieden wird. Diess ist meistens der Fall und ein gleichmässig gerundeter Uebergang muss als Ausnahme bezeichnet werden. Die höchste Stelle

---

[1] Da diese Schwankungen des Hinterhauptes den übrigen Schädel wenig oder gar nicht berühren, so rechtfertigen sie den früher aufgestellten Satz, dass der Längsdurchmesser des Schädels nicht als Maassstab der übrigen Durchmesser dienen kann.

der Schädelwölbung fällt fast immer zwischen die erste und zweite Hauptordinate (M, L und H.), also auf das hintere Drittheil der Grundlinie. Nur bei stark entwickeltem Hinterhaupte rückt sie weiter nach hinten auf deren Nullpunkt; so beim Gnauchen, Holländer, Juden, so auch beim Buschkiren und beim Buschmann.

Durchmustern wir unsere Schädelcurven, so muss uns bald ein eigenthümliches Verhältniss auffallen. Wir finden nämlich, dass die Verkürzung des Hinterhauptes wenn auch nur von geringem, doch von ganz entschiedenem Einflusse auf das Verhalten des Vorderhauptes ist; beide verhalten sich in der Weise antagonistisch zu einander, dass die grössere Flachheit des einen in der Regel eine stärkere Wölbung des andern bedingt, gerade, als ob eine freilich nur sehr unvollkommene Compensation erzielt werden sollte. Die ausserordentlich zahlreichen individuellen Verschiedenheiten der Stirn lassen diese Erscheinung freilich nicht immer hervortreten, doch ist sie in den auf Tafel III. (Fig. L) zusammengestellten Umrissen nicht zu verkennen. Eine compensatorische Beziehung zwischen den einzelnen Abschnitten unserer Linie lässt sich überhaupt häufig nachweisen. Oft zeigt sich an irgend einer Stelle eine Einbiegung, dann wird sie sofort durch eine benachbarte Ausbiegung ausgeglichen. Offenbar wird hierdurch der Grundtypus wohl modificirt, nicht aber merklich umgeändert; im allgemeinen Gang der Linie tritt er unverkennbar zu Tage. In geringem Grade kommen derartige Unregelmässigkeiten fast überall vor; wir dürfen annehmen, dass sie wesentlich individueller Natur sind und deshalb mit der Länge der Beobachtungsreihe, welche der Mittelform zu Grunde liegt, stätig sich verkleinern. Möglicherweise können sie aber auch als Familienähnlichkeit in weitern Kreisen sich festsetzen.

Im Bereiche des Hirnschädels verdient namentlich die Lage und Richtung des foramen magnum unsere Aufmerksamkeit. Man findet hierüber ziemlich zahlreiche, doch leider grossentheils sich widersprechende Angaben. Einige Beobachter glauben die Wahrnehmung gemacht zu haben, dass die Stellung dieser Oeffnung insofern veränderlich sei, als sie bei gewissen Völkerschaften, und zwar speciell den Negern, weiter hinten liege, als bei andern. Diese Angabe ist bestritten worden.[1] Abgesehen von der Richtigkeit oder Unrichtigkeit der Beobachtungen müssen wir vor allem darauf aufmerksam machen, dass wenn in der That eine Aenderung im Lagerungsverhältniss des Hinterhauptsloches auftritt, die Ursache jedenfalls nicht in ihm, sondern in den benachbarten Schädelabschnitten gesucht werden muss. Das foramen magnum am Endpunkte der Centralsäule des Kopfes, um die alles andre sich dreht, kann gar nicht verschoben werden, seine Stellung ist vielmehr eine durchaus gesicherte. Virchow hat diess bereits hervorgehoben, und unsere Erfahrungen bestätigen seine Ansichten auf das allerbestimmteste. Bei allen Schädeln mit kurzem Hinterhaupte liegt das for. magn. allerdings dem hintern Schädelende näher (Taf. III. Fig. L), aber nicht, weil es selbst nach hinten, sondern weil jenes in Folge der geringern Ausbildung der hintern Schädelparthie nach vorn gerückt ist. Den Beweis dafür liefert die Gleichheit des Vorderkopfes, welche die schon an und für sich höchst unwahrscheinliche Verrückung durch Verlängerung der Schädelbasis ausschliesst. Wäre wirklich die letztere eingetreten, so müsste sie bei der procentischen Berechnung eine Verkleinerung des Vorderkopfes verursachen. Wollte man aber das Ausbleiben einer solchen dadurch erklären, dass eben nicht bloss die Basis, sondern auch die vordere Schädelwölbung sich vergrössert habe, so liegt darin nichts anderes als das Zugeständniss der geringern Entwicklung des Hinterhauptes gegenüber derjenigen des Vorderhauptes. Es ist demnach vollkommen richtig, dass die Stellung des for. magn. im Schädelgrunde nicht überall dieselbe sei; die Verschiedenheit des Hinterhauptes bedingt auch für sie nicht unbeträchtliche Verschiedenheiten, und zwar nicht bloss bei den Negern, aber auch nicht bei allen Negern, da z. B. die Buschmänner und Hottentotten das Hinterhaupt europäischer Völker besitzen. Offenbar ist es gerade das wechselnde Verhalten der allein berücksichtigten Neger, welches die Forscher zu widersprechenden Resultaten führte. Das

---

[1] Die verschiedenen Ansichten über diese Angelegenheit finden sich zusammengestellt in Waitz, Anthropologie der Naturvölker. Leipzig. 1859. I. Bd. p. 107.

Zurückweichen ist auch nicht bloss ein scheinbares, wie Prichard[1]) meint, der es vom stärkern Vortreten der Kiefer ableitet

Nicht weniger wichtig als die Lage des for. magnum ist seine Richtung. Daubenton schon hat darauf hingewiesen, wie sie im Gegensatze zum thierischen Typus beim Menschen der horizontalen bedeutend genähert sei. Eine Durchmusterung einer auch nur beschränkten Zahl von Schädeln lehrt uns sofort, dass hier sehr beträchtliche Verschiedenheiten sich ausprägen. Sind dieselben nun individueller oder aber typischer Natur? Huxley (a. a. O. p. 152) glaubt sie mit dem Prognathismus in Verbindung bringen zu können. Die Steilheit der Stellung sollte in gleichem Maasse wie der letztere wachsen. In unsern Tabellen findet sich keine Bestätigung dieser Ansicht; die Stellung des Hinterhauptsloches ist durchaus unabhängig von derjenigen des Gesichtes und es ist nur Zufall, dass die von Huxley gegebenen Zeichnungen seiner Ansicht günstig sind. Bei den ausserordentlich beträchtlichen individuellen Schwankungen ist es überhaupt schwer, ein bestimmtes Gesetz aufzustellen, doch scheint mir eine, freilich vielfach gestörte, Beziehung zwischen dem for. magn. und dem Hinterhaupte vorhanden zu sein, und zwar so, dass die Kürze des Hinterhauptes zu seiner steilern Aufrichtung führen würde. Unzweideutig zeigt diess Taf. III. (Fig. 1). Einige Beispiele mögen noch als Beleg dienen.

	Länge d. Hinterhauptes.	Höhenordinate d. for. magn.
Schwede	83.	9.
Guanche	82.	11.
Hobberger	80.	9.
Holländer	80.	14.
Zigeuner	73.	17.
Hottentotte	70.	13.
Grönländer	67.	15.
Tartar	66.	11.
Paraguaraner	64.	21.
Chinese	63.	18.
Javanese	58.	15.
Mozambiqueneger . . .	58.	20.
Congoneger	57.	16.
Einwohner von Tonga .	55.	16.
Sandwichinsulaner . .	54.	20.

Es geht daraus zur Genüge hervor, dass ein vollständiger Parallelismus der beiden Reihen nicht existirt; aber ebenso wenig lässt sich verkennen, wie die Abflachung des Hinterhauptes eine Erhöhung des foramen magnum im Gefolge führt. Aehnliches ergiebt sich auch bei Individuen desselben Stammes, wenn die Entwicklung des Hinterhauptes bedeutenden Schwankungen unterliegt, doch ist auch hier das Gesetz durch individuelle Verhältnisse vielfach getrübt. Wir wählen als Beispiele den Finnländer und Grönländer.

Finnländer.		Grönländer.	
Länge d. Hinterhauptes.	Höhenordinate d. for. magnum.	Länge d. Hinterhauptes.	Höhenordinate d. for. magnum.
92.	7.	79.	9.
83.	3.	74.	10.
78.	12.	71.	16.
78.	12.	70.	13.
71.	11.	67.	13.

[1]) Prichard, Naturgesch. des Menschengeschlechts. Deutsche Ausgabe von R. Wagner. Leipzig. 1840. Bd. I. p. 391.

Finnländer.		Grönländer.	
Länge d. Hinterhauptes.	Höhenordinate d. for. magnum	Länge d. Hinterhauptes.	Höhenordinate d. for. magnum.
70.	10.	67.	15.
68.	13.	66.	15.
67.	13.	65.	11.
61.	18.	61.	18.
56.	15.	59.	17.
		57.	21.
		57.	21.

Diese Zahlen lehren zugleich, dass die steilere Stellung des for. magnum an und für sich nicht, wie einige Forscher annehmen, einen Racenunterschied bedingen kann; sie ist stets eine secundäre. Ihre individuellen Schwankungen sind in vielen Fällen, ja, wo sie irgendwie bedeutend sind, wohl in der Regel, nicht localer Natur, sondern in den allgemeinen Bildungsverhältnissen des Hirnschädels begründet. Sie werden durch eine Verschiebung des letztern im Ganzen veranlasst. Die Drehungsachse liegt hierbei quer im vordern Endpunkte unserer Grundlinie und die Drehung selbst erfolgt so, dass der Umriss des Schädels dadurch nicht wesentlich beeinträchtigt wird. Er wird nur in toto je nach Umständen erhöht und nach vorn geschoben oder aber erniedrigt und nach hinten gedrängt; dort wird die Stellung des for. magnum eine steile, hier dagegen eine flache. Der letztere Fall ist schon lange in seinen ausgesprochenen Formen als Eindrückung der Schädelbasis beobachtet und beschrieben worden, und es unterliegt keinem Zweifel, dass eine hochgradige Ausbildung dieses Verhältnisses geradezu als ein pathologisches Vorkommniss bezeichnet werden muss.[1] Es kann dabei der hintere Rand des for. magnum nicht bloss in die Verlängerung der Grundlinie, sondern selbst unter dieselbe zu liegen kommen. Die Abstufung dieser Erscheinung ist indessen eine so vielfältige und allmälige, dass es geradezu unmöglich ist, zu sagen, wo die Grenze zwischen der normalen und abnormen Bildung zu ziehen ist. Meines Wissens ist bis jetzt noch nur der extreme Grad der Depression als pathologisch aufgefasst worden, während das entgegengesetzte, gewiss nicht weniger abnorme, Verhältniss der Wahrnehmung vollkommen entgangen zu sein scheint. Ich muss mich hier damit begnügen, einfach auf diesen für gewisse Schädelbildungen sicher nicht unwichtigen Punkt aufmerksam gemacht zu haben. Des leichtern Verständnisses wegen habe ich zwei hieher gehörige an javanischen Schädel gemachte Beobachtungen auf Taf. VI. graphisch dargestellt. Eine ziemliche Anzahl anderer Beobachtungen ergeben ein durchaus übereinstimmendes Resultat. Einige von uns gemachte Erfahrungen scheinen dafür zu sprechen, dass eine starke Abwärtsdrehung des Hirnschädels mit consecutiver Abflachung des ganzen Kopfes bei einigen Stämmen als Regel vorkommt, wenn bei der relativ geringen Anzahl der untersuchten Fälle ein derartiger Schluss überhaupt gezogen werden darf. Auffallend sind aber in dieser Beziehung die Schädel des Tungusen, Calmücken und Nordamerikaners. Dieselben können nicht anders, denn als secundäre, etwa aus derjenigen des Tartaren hervorgegangene Schädelformen betrachtet werden. Die Abflachung der ganzen Kapsel, die flache Stellung des for. magnum, das Zurücktreten der Stirn und das Vorspringen des Hinterhaupts lassen sich kaum in anderer Weise erklären, zumal diese Vorkommnisse so ganz vereinzelt dastehen.

So unbedeutend die Richtung des for. magnum vielleicht auch zu sein scheint, so kann sie doch auf die Configuration des ganzen Kopfes einen wesentlichen Einfluss ausüben. Da bei aufrechter Stellung des Körpers die Ebene des Hinterhauptloches mit derjenigen des Atlas parallel steht, so wird offenbar mit der steilern Stellung des erstern auch ein steilerer Verlauf der Schädelbasis, mithin ein Zurücktreten

<hr />

[1] J. A. Boogard, die Eindrückung des Schädels durch die Wirbelsäule. Schmidts Jahrbücher. Bd. 127. Nr. 6. Hft 6. — Bernard Davis, Sur les déformations plastiques du crâne. Mémoires de la Société d'Anthropologie t. p. 379 ff.

des Hirn- und ein Vortreten des Gesichtsschädels sich verbinden müssen, ein Umstand, der für den physiognomischen Ausdruck von Wichtigkeit ist.

Mehrere Autoren[1] wollen beim Neger das for. magnum merkwürdig klein gefunden haben. So weit es den sagittalen Durchmesser betrifft, kann ich diese Angabe nicht bestätigen; überhaupt konnte ich in dieser Hinsicht keinen wesentlichen Unterschied wahrnehmen. Die Zahlenverschiedenheiten unserer Tabellen rühren einfach von der verschiedenen Steilheit der Oeffnung her, indem bald die Abscisse auf Kosten der Ordinate, bald die letztere auf Kosten der erstern sich vergrössert. Den Querdurchmesser habe ich nicht untersucht und bin deshalb ausser Stande zu sagen, ob in seinem Bereiche wirkliche Unterschiede vorkommen.

In unserer Liste sind einige Schädel von auffälliger Kleinheit; so die des Balinesen und des Buraeten. Offenbar sind diess rein zufällige Bildungen, gleich den zu grossen, wie sie z. B. beim Maduresen sich vorfanden und die ich nicht mitgetheilt habe. Die ganze Schädelform schliesst sich im übrigen an diejenige benachbarter und verwandter Stämme an.

b. Gesichtsschädel.

Es liegt in der Natur der Sache, dass die Medianebene des Gesichtsschädels weniger bedeutsame Abänderungen darzubieten vermag, als der Gehirnschädel. Es ist nur die Stärke der gesammten Entwicklung, welche hier einen Anhaltspunkt geben kann, und zwar namentlich der Grad, in welchem das Gesicht nach unten und nach vorn vorspringt. Ich wählte zur Messung den vordern Nasenstachel, indem es mir wichtig schien, den so ausserordentlich variabeln Zahnfortsatz auszuschliessen. Die Höhe des Gesichtes habe ich zwischen 54 und 64° schwankend gefunden, ohne dass dafür ein bestimmtes Gesetz sich hätte aufstellen lassen. Wichtiger ohne Zweifel ist seine Länge, deren Grenzen durch 81 und 94° gegeben sind. Die einzelnen Stämme ordnen sich folgendermassen:

	Länge des Gesichtsschädels.
Hottentotte, Neger aus Sudan	94.
Congoneger	93.
Lappe	91.
Kaffer, Angolaneger, Nukahiver	90.
Sitkakane, Kosak	89.
Caraibe	88.
Mozambiqueneger, Buschmann, Nicobare, Mahratte, Holländer . .	87.
Malabare, Däne, Tartare, Etrusker	86.
Grönländer, Neu-Holländer, Schädel aus den Knochenhöhlen von Brasilien, Einwohner von Tonga, Schwede, Puri, Baschkire, Indianer von Nordamerika, Russe	85.
Hindu, Sandwichinsulaner, Javanese, Macassare, Einwohner der Sundainseln, Jude, Calmücke	84.
Buggise, Chinese, Tunguse, Botocude	83.
Paraguaraner, Aeg. Mumie, Grieche, Türke, Graubündtner . . .	82.
Zigeuner, Guanche	81.
Finnländer	80.

Als Mittel berechnet sich aus dieser Tabelle die Zahl von 85°, eine Grösse, die nach aufwärts bedeutender als nach abwärts überschritten wird. Auffallend ist gewiss vor allem die Thatsache, dass das Maass der Gesichtslänge keineswegs den Vorstellungen entspricht, die man sich nach dem Vorgange von Retzius bis jetzt von dem Prognathismus und Orthognathismus der Schädel gemacht hat.[2] Wohl

[1] Prichard, a. a. O. Bd. I. p. 350.
[2] Es stehen unsere Ergebnisse auch nicht im Einklang mit denjenigen des Camper'schen Gesichtswinkels. Aber eine einfache Betrachtung lehrt, dass die Grösse des letztern nicht bloss vom Hervortreten des Gesichtes, sondern auch

3*

sehen wir die Neger und einige Südseeinsulaner, die als ausgezeichnet prognathe Typen gelten, den Reigen eröffnen, aber ihnen gesellt sich ein durchaus orthognathes Menschenkind, der Lappe, bei und selbst der Holländer steht noch über dem Mittel, während auf der andern Seite eine ganze Reihe von für prognath gehaltenen Völkerschaften (Chinesen, Malaien u. s. w.) an das unterste Ende der Scale sich stellen. Ich stimme demnach vollkommen Gratiolet's bei, dass der Prognathismus ein verschiedener sei, je nachdem er seinen Sitz ausschliesslich in der Stellung der Zahnfortsätze oder aber auch in der Gestaltung des Kiefers selbst findet. Beide Formen sind bis jetzt zusammengeworfen worden. Eine regelmässige Reihenfolge lässt sich für die Entwicklung des Gesichts nicht herstellen; es sind fast nur die Neger, welche eine entschiedene Stellung einnehmen, indem sie sämmtlich über der Mittelzahl stehen. Charakteristisch ist der Umstand, dass das Normalgesicht keiner einzigen Race der Länge der Schädelbasis gleich kommt; während, wie wir sehen werden, letztere schon bei den Affen ausnahmslos überschritten wird. Individuell kann solches beim Menschen in höchst seltenen Fällen und stets nur in geringem Maasse geschehen; so fand ich bei einem Neger aus Sudan die Länge des Gesichtes gleich 101, bei einem Darfurneger gleich 100.

Einige Autoren glauben beim Neger eine grössere Länge des harten Gaumens gefunden zu haben. Der Unterschied, wenn überhaupt ein solcher angenommen werden darf, ist indessen lange nicht so gross, als diess aus dem starken Hervortreten des Gesichtes sich erwarten liesse. Es rückt nämlich auch der hintere Endpunkt des Gaumens nach vorn, und es ergiebt sich hieraus die wichtige Erkenntniss, dass das stärkere Vortreten des Gesichts nicht auf einseitigem Wachsthum, sondern auf einer wirklichen Verschiebung des ganzen Gesichtsschädels unter der Schädelbasis beruht. Hiermit stimmt auch die schiefere Stellung der Flügelfortsätze beim Neger. Einige Zahlenangaben mögen als Beleg dienen.

	Abscisse von M.	Abscisse von P.	Länge d. harten Gaumens.
Hottentotte . .	94.	46.	48.
Neger aus Sudan	94.	45.	49.
Congoneger . .	93.	46.	47.
Lappe	91.	41.	50.
Kaffer . . .	90.	44.	46.
Angolaneger . .	90.	46.	44.
Nukahiver . .	90.	45.	45.
Kosak	90.	43.	47.
Nicobare . . .	87.	43.	44.
Grönländer . .	85.	41.	44.
Maravineger . .	86.	39.	47.
Javanese . . .	84.	43.	41.
Chinese . . .	83.	40.	43.
Paraguaraner .	82.	41.	41.
Zigeuner . . .	81.	39.	42.
Guanche . . .	81.	37.	44.
Finnländer . .	80.	36.	44.

Vergleichen wir in dieser Tabelle die Unterschiede in der Stellung des Kiefers mit denjenigen in der Lage des Gaumens, so ergiebt sich allerdings, dass dieselben sich nicht vollständig entsprechen, indem die ersteren im ganzen etwas grösser sind. So verhalten sie sich zwischen den Endpunkten unsrer Reihe,

_____

von der Breite des Schädels abhängig ist, so dass er gar nicht dasjenige beweisen kann, was er beweisen soll. Die hier für das Verhalten des Kiefers gegebenen, so wie die später für die Breitenentwicklung mitzutheilenden Zahlen lehren, dass in der überwiegenden Mehrzahl der Fälle die Verschiedenheit des Camper'schen Gesichtswinkels im Menschen nicht in der veränderten Stellung der Kiefer, sondern in der Verschiedenheit der Breitenentwicklung des Kopfes ihre Erklärung findet.

*) Mémoires de la Société d'anthropologie de Paris. I. p. 393.

zwischen Hottentotte und Finnländer wie 14 und 10, zwischen letzterem und Kaffer wie 10 zu 8. Hieraus ergiebt sich also doch eine geringe Verlängerung des ganzen Gaumens. Die Stellung des Negers ist hierbei allerdings eine hervorragende, doch keine ausschliessliche. Andere Stämme kommen ihm nicht nur gleich (Kosak), sondern übertreffen ihn sogar (Lappe).

Die hintere Entfernung des Gaumens von der Schädelbasis, d. h. die Höhe der Choanen (Ordinate von P), lässt nichts Charakteristisches hervortreten. Dasselbe gilt auch von der knöchernen Nase, welche nahezu zwischen denselben Grenzen, sowohl in Betreff der Länge als auch der Höhe schwankt. Bei den Negern scheint sie eine Tendenz zur Abflachung zu besitzen.

An dieser Stelle mag auch der Verbindungspunkt des Unterkiefers mit dem Hirnschädel, als dem hintersten Ende des Gesichtsschädels, besprochen werden, da sein Verhalten am einfachsten durch Projection auf die Medianebene sich ausdrücken lässt. Es ist im Ganzen ein ziemlich constantes, indem die Differenz der mittlern Lagen sich nur auf 7° berechnet, während sie bei verschiedenen Individuen desselben Ursprunges 10° beträgt. In wiefern diesem Umstande eine specifische Bedeutung beigemessen werden darf, soll später erörtert werden; hier begnüge ich mich mit dem Hinweise darauf, dass bei den mit stark vortretenden Gesichtern versehenen Köpfen, wie denjenigen der Neger namentlich, auch das Kiefergelenk vorrückt, während bei den andern (z. B. Guanche, Graubündtner, Finnländer) das Entgegengesetzte stattfindet. Ist diess Verhalten nicht ein bloss zufälliges, sondern ein in gleicher Weise wiederkehrendes, so spricht es ebenfalls für das Vorrücken des Gesichtsschädels in seiner ganzen Ausdehnung.

2. Frontalebenen. (F.)

Die Zahl der Frontalebenen kann beliebig gross genommen werden. Zur allgemeinen Formbestimmung des Schädels reicht es aber vollständig hin, die Querschnitte seiner wichtigsten Abschnitte, des Hinterhauptes, Mittelhauptes und Vorderhauptes kennen zu lernen, da nach ihnen leicht ein Schluss auf die zwischenliegenden Parthieen gezogen werden kann. Bei dem erstern kommt nur der Hirnschädel in Betracht, die beiden letztern dagegen berühren ausserdem den Gesichtsschädel, wenn auch nur in untergeordneter Weise. Die eigenthümliche Form des Schädels bedingt eine grosse Verschiedenheit in der Gestaltung dieser Flächen, weshalb eine jede für sich betrachtet werden muss. Gemeinsam ist allen die symmetrische Stellung zur Medianebene, durch welche sie in gleiche Hälften zerfallen, und die, freilich in sehr verschiedenem Maasse erfolgende, Verschmälerung des Hirntheiles nach abwärts, seine Erweiterung nach aufwärts. Am schärfsten tritt diess bei der mittlern, ungleich schwächer dagegen bei der vordern und hintern Ebene zu Tage. Im Gesichtsschädel sind nur einzelne besonders wichtige Punkte berücksichtigt worden.

a. Hintere Frontalebene. (F. p.)

Die hintere Frontalebene kann als der Ausdruck der Breitenentwicklung des Hinterhauptes betrachtet werden. Mit dem Hinterhauptsbeine selbst trifft sie zwar nicht unmittelbar zusammen, wohl aber mit denjenigen Knochen, die unmittelbar an dasselbe sich anschliessen. Es ist eine einfache Bogenlinie, welche vom äussern Gehörgange über das Schläfenbein und Seitenwandbein zum Scheitel sich erstreckt. In der Linea temporalis erscheint sie in der Mehrzahl der Fälle ziemlich stark geknickt, sonst aber verläuft sie meistens mit grosser Regelmässigkeit. Es ist zunächst die Weite der Sprengung, die uns beschäftigt, und die in der That sehr geeignet ist, unsere Aufmerksamkeit zu fesseln. Der erste Blick muss uns nämlich belehren, dass die Breite dieses Bogens keineswegs bei allen Völkern dieselbe ist. Der Punkt grösster Breite zeigt folgende Abstände von der Medianebene:[1]

---

[1] Es ist vielleicht nicht überflüssig, darauf aufmerksam zu machen, dass alle Breitendurchmesser in Abständen der betreffenden Punkte von der Medianebene ausgedrückt sind und dass demnach die mitgetheilten Werthe nur der Hälfte

Grösste Breite (l. l.)

Congoneger	65.
Schädel aus den Knochenhöhlen von Brasilien, Kaffer, Angolaneger, Sudanneger .	69.
Grönländer, Paraguaraner	70.
Neu-Holländer, Neger von Mozambique, Hottentotte, Hindu	71.
Tongainsulaner, Javanese	72.
Nicobare	73.
Buschmann	74.
Nukahiver, Buggise, Chinese, Zigeuner	75.
Macassare, Aegyptische Mumie	76.
Balinese, Einwohner der Sundainseln, Sitkakane, Sandwichinsulaner	77.
Grieche	78.
Botocude, Puri, Caraibe, Tartare, Indianer von Nordamerika, Kosak	79.
Schwede, Tunguse, Holländer, Finnländer, Burаete	80.
Baschkire, Russe, Etrusker	81.
Türke, Guanche	82.
Jude, Lappe, Graubündtner	83.
Calmücke	85.

Hiernach beträgt die Differenz der grössten Breite für jede Schädelhälfte 20, für den ganzen Schädel also 40°, der Grundlinie, eine Grösse, die gewiss als eine sehr bedeutende muss bezeichnet werden. Negervölker bilden das unterste, europäische Völker das oberste Glied einer ununterbrochenen Kette. Individuell können übrigens die angegebenen Differenzen noch bedeutend wachsen. Das Minimum der Breite bot ein Congoneger mit 60, das Maximum ein Tschude mit 94. Die Ordinate, also der senkrechte Abstand der grössten Breite von der Grundfläche, bleibt sich nicht überall gleich; im Mittel mag sie etwa zu 50 angenommen werden. In ihren Schwankungen liess sich ein bestimmtes Gesetz nicht auffinden, doch schien es mir, als ob bei schmalen Köpfen der Punkt grösster Breite etwas höher zu liegen käme, als bei breiten; indess erleidet diese Regel jedenfalls viele Ausnahmen.

Aehnlich wie der hervorragendste Punkt verhält sich auch der Fusspunkt (IV), ohne ihm jedoch unbedingt zu folgen. Auch er rückt der Medianebene bald näher, bald ferner, doch in engern Grenzen. Die Mehrzahl der Werthe liegt zwischen 60 und 70, umfasst demnach eine Strecke von 10°. Auf diese vertheilen sich die Schädel in einer mit der vorigen im ganzen übereinstimmenden Reihe, nur dass eine kleinere Zahl mit den untersten Werthen sich begnügt. Eine grössere Constanz im Vergleich zur grössten Breite lässt sich im ganzen nicht verkennen. Da zugleich die kleinsten Werthe denen der vorigen Reihe näher liegen als die grössten, so ergiebt sich, dass die Ausweitung schmaler Schädel nach aufwärts verhältnissmässig geringer ist, als die von breiten. Jene sind deshalb seitlich abgeflacht, diese mehr oder weniger auffällig gewölbt und nach abwärts anscheinend stark verschmälert. Es spricht sich diess sehr bestimmt in dem Querabstand unserer beiden Punkte aus. So beträgt er z. B. bei den Negervölkern und den Bewohnern des Javanischen Archipels 8—12°, während er bei den Einwohnern Nordasiens und Europas bis auf 17 (Russe, Lappe), 18 (Guanche) und 19 (Baschkire) sich erhebt. Der Fusspunkt schwankt freilich so bedeutend, dass eine regelmässig fortschreitende Reihe sich nicht gewinnen lässt; immerhin aber darf es nicht bezweifelt werden, dass breite Schädel in ihrem untern Theile von den schmalen sich weniger unterscheiden als in dem höher gelegenen. Noch ein weiteres Moment bedingt den Charakter dieser hintern Frontalebene, nemlich das Verhalten der Schläfenlinie, deren Durchschnittpunkt in den Tabellen als oberer Seitenpunkt (l. s.) erscheint. Hier wird der

der gesammten Schädelbreite entsprechen. Es rührt diess davon her, dass die auf der Grundlinie errichtete Medianebene als Nullpunkt zu betrachten ist.

Verlauf der Curve gehemmt, und zwar sehr verschieden. Stets liegt dieser Punkt beträchtlich höher, als derjenige der grössten Breite; zugleich rückt er der Medianebene näher. Das Maass, in welchem dieses geschieht, ist ein ausserordentlich wechselndes, doch ist es charakteristisch, dass es wiederum bei schmalen Schädeln geringer ist als bei breiten. Bei jenen stellen sich in seltenen Fällen beide Punkte sogar senkrecht über einander (Hottentotte, Nukahiver) oder sie differiren nur um 1—3° (Buschmann, Kaffer, Javanese), bei diesen dagegen kann die Abweichung bis auf 7 (Botocude, Holländer, Russe, Guanche), 9 (Schwede, Burmete), 10 (Tunguse, Lappe) ansteigen. Dass aber hier keine scharfe Scheidung vorliegt, beweist der Umstand, dass z. B. der breite Finne nur 4, der schmale Neuholländer und Tonganer dagegen 7° Differenz enthalten. Individuelle Verhältnisse greifen also wiederum störend ein. Wichtig ist, dass die Ordinatenhöhe unseres Punktes nicht wesentlich sich verschiebt, denn dadurch wird die Verschiedenheit seiner Stellung von massgebendem Einflusse auf die Gestaltung der seitlichen Schädelkrümmung. Je mehr sich die Abstände beider Punkte von der Medianebene einander nähern, um so mehr erscheint die Seite des Schädels flach, und die beinahe senkrecht stehende Schläfenfläche setzt sich in scharfer Biegung von der Schädeldecke ab; je weiter sie aber auseinanderrücken, um so gleichmässiger läuft ihre Bogenlinie in diejenige des Scheitels aus. Es steht diess im vollständigsten Einklang mit dem, was wir über den untersten Schädelabschnitt schon erfahren haben, und es erscheint demgemäss der schmale Schädel in der Regel seitlich so comprimirt, als hätte man ihn zwischen zwei Bretter gepresst. Dieselbe Form kann übrigens auch breiten Schädeln zukommen, wenn die seitliche Verrückung des obern Punktes ungewöhnlich gross wird (z. B. Finnländer). Von besonderer Wichtigkeit ist jedenfalls die Wahrnehmung, dass durchschnittlich die Lage sowohl des obern Seitenpunktes (l. s.) als auch des Fusspunktes (IV) weniger wechselt als diejenige des Punktes grösster Breite (l. i.). Demnach geht die Mehrzahl der breiten Schädel nicht dadurch aus dem schmalen hervor, dass alle Seitenpunkte von der Medianebene sich entfernen, dass also die platten Seitenflächen in ihrer ganzen Ausdehnung nach aussen sich verschieben, sondern dadurch, dass diese Seitenflächen, während ihre obern und untern Ränder nur wenig rücken, in ihrer Mitte bogig sich nach aussen hervorwölben. Ich glaube nicht, dass solchen Besonderheiten ein grosses Gewicht vom allgemein morphologischen Gesichtspunkte aus beizulegen ist, so bedeutsam dieselbe auch für den Charakter einzelner Schädelformen sein mag.

Der Scheiteltheil unserer hintern Frontalebene ist mit wenigen Ausnahmen zu flachem, mehr oder weniger regelmässigem Bogen gespannt. Nur selten tritt die Mitte durch Abflachung der Seitentheile kielartig hervor; Andeutungen hierfür bieten einige Negervölker; das ausgezeichnetste Beispiel aber liefert der Schädel des Grönländers.

b. Mittlere Frontalebene. (F. m.)

Die mittlere Frontalebene entspricht dem Mittelhaupte; ihre Curve musziet, von dem Tuberculum spinosum des Keilbeines ausgehend, vornehmlich das Scheitelbein, während sie nach abwärts der an dieser Stelle auftretenden Einschnürung des Hirnschädels sich anschmiegt. Hier nähert sich die Curve in auffälligem Maasse der Medianebene, während sie noch aufwärts in weitem Bogen den Schädel überspannt. Es sind zwei Hauptpunkte, welche, ähnlich wie bei der hintern Frontalebene, typische Bedeutung beanspruchen, der Fusspunkt (φ) und der Punkt der grössten Breite (IV). Wir können uns bei ihrer Prüfung um so kürzer fassen, als sie beide den entsprechenden Punkten der hintern Ebene durchaus analog sich verhalten. Auch hier ist die Differenz in der Lage des untern Punktes geringer als diejenige in der Lage des obern; während jene nur 10° beträgt, erreicht diese eine Höhe von 15°. Die grösste Breite der mittlern Frontalebene verfolgt denselben Entwicklungsgang wie diejenige der hintern, nur dass sie durchschnittlich um etwa 5° jederseits hinter ihr zurückbleibt. Einige schmale Schädel (z. B. einige Neger) zeigen eine sehr geringe Breitendifferenz (2), während sie bei einigen breiten Schädeln grösser wird (Lappe 9, Tunguse und Calmücke 10). Immerhin sind die Erscheinungen nicht gleichmässig genug, um für die breitern Schädel eine verhältnissmässig stärkere Breitenabnahme in der Mittelhauptsächlich als Regel annehmen zu können. Die geringste Breite betrug 63 (Congoneger) und 64 (Neger aus Sudan), die bedeutendste 76 (Kosak, Baschkire, Guanche), 77 (Jude, Türke und 78 (Graubündner). Der Fusspunkt begann mit 35 und 36°, bei den Negervölkern, um mit 44 und 45°, bei den Nordasiaten zu enden. Eine gleichmässig ansteigende Reihe wird auch hier durch offenbar individuelle Beziehungen gekreuzt. Sehr häufig macht sich eine Tendenz zur kielförmigen Erhebung der Bogenmitte bemerklich und zwar namentlich bei den schmalen, doch häufig auch bei den breiten Schädeln.

Gegenüber diesem Verhalten des Gehirnschädels, wonach eine typische Bedeutung der Breitenentwicklung sich nicht verkennen lässt, ist diejenige des Gesichtsschädels im höchsten Grade merkwürdig. Es sind zwar nur zwei Punkte, die ihn bezeichnen, aber zwei Punkte von unverkennbarer Wichtigkeit, indem sie die Breitenentwicklung des Gesichtes in den Jochbogen und den Zahnfortsätzen des Oberkiefers (demnach mittelbar auch des Unterkiefers) vertreten. Hier zeigt sich, dass wesentliche Verschiedenheiten bei den verschiedenen Menschenracen nicht vorkommen. Die Breite des Gesichtes bleibt sich sowohl in dem Jochbogen als auch in dem Kiefertheile durchaus gleich, mag diejenige des Hirnschädels auch noch so beträchtlich abändern. Alle Grössenverschiedenheiten, welche sich bemerklich machen, fallen in den Bereich der individuellen Schwankungen, wie sie bei verschiedenen Individuen ein und derselben Race ebenfalls auftreten. Zum Beweise greifen wir ziemlich auf Gerathewohl einige Beispiele heraus, indem wir nach dem Vorgang unserer Tabellen die Breite des Gehirnschädels im Bereiche der mittleren Frontalebene mit IV, diejenige des Gesichtes in den Jochbogen mit Z, in den Zahnfortsätzen des Kiefers mit M bezeichnen.

	IV.	Z.	M.
Congoneger	63.	61.	31.
Grönländer	65.	68.	33.
Neu-Holländer	66.	66.	31.
Knochenhöhlen Brasiliens	67.	69.	32.
Kaffer	65.	67.	34.
Hottentotte	68.	67.	32.
Hindu	69.	64.	33.
Javanese	73.	68.	34.
Chinese	71.	67.	33.
Schwede	72.	68.	35.
Botocude	74.	70.	35.
Holländer	74.	68.	33.
Finnländer	74.	65.	31.
Russe	78.	69.	35.
Guanche	76.	69.	34.
Calmücke	75.	72.	33.

Wir haben in der mitgetheilten Tabelle eine Steigerung der Hirnschädelbreite jederseits um volle 12, im ganzen also um 24% der Grundlinie, und doch geht sie spurlos an dem Gesichtsschädel vorüber; Congoneger und Calmücke dürfen um so eher als individuelle Ausnahmen bezeichnet werden, als ihre eigenen Stammesgenossen dem Gesetze Folge leisten. Für den Jochbogen ergiebt sich durchgehends im Mittel ein Abstand von der Medianebene um 68, für den Zahnfortsatz ein solcher um 33, so dass letzterer ziemlich genau die Mitte hält zwischen dem Jochbogen und der Medianebene. Nicht unwichtig ist noch der Umstand, dass bei geringer Breitenentwicklung des Hirnschädels dieser letztere von dem Gesichtsschädel seitlich überragt oder wenigstens erreicht wird, während der stärker ausgeweitete Schädelbogen den Gesichtsschädel ohne Ausnahme in der Quere überschreitet. In den mitgetheilten Beispielen tritt diese Erscheinung deutlich zu Tage, doch überzeugt man sich bei der Vergleichung unserer Tabellen, dass sie nicht ausnahmslose Regel ist.

c. Vordere Frontalebene. (F. a.)

Die vordere Frontalebene ist ein Ausdruck der Stirnbildung. Nach abwärts schliesst sie im proc. zygomat. des Stirnbeins so innig mit dem Gesichtsschädel zusammen, dass sie nothwendig durch dessen Entwicklung muss beeinflusst werden. Der unterste Punkt (IV.) ist in der That beiden Kopfabtheilungen gemein. In ihm behauptet sich sofort die gleichmässige Entwicklung des Gesichtsschädels. Der schmalste Schädel zeigt hier einen Werth von 55, der breiteste einen solchen von 63, aber ohne dass zwischen diesen eine der Entfaltung des Hirnschädels entsprechende Reihe sich aufbauen liesse. Erst in diesem kommt wieder die schon bei der hintern Ebene beobachtete Verschiedenheit, wenn auch in etwas schwächerem Masse, zur Geltung, und zwar in einer der dortigen durchaus entsprechenden Weise. Wir wollen, um diess zu veranschaulichen, dieselben Schädel wählen, die wir schon bei der vorigen Ebene benutzt haben, wobei I der grössten Stirnbreite entspricht.

	IV.	I.		IV.	I.
Congoneger	55.	51.	Schwede	59.	61.
Grönländer	56.	55.	Botocude	61.	63.
Neu-Holländer	57.	56.	Holländer	59.	63.
Knochenhöhlen Brasiliens	59.	58.	Finnländer	59.	64.
Kaffer	59.	56.	Russe	60.	66.
Hottentotte	58.	57.	Guanche	63.	64.
Hindu	54.	59.	Calmücke	62.	63.
Javanese	58.	62.	Graubündner	58.	63.
Chinese	58.	60.			

Also unverkennbar der charakteristische Unterschied zwischen Gesichts- und Gehirnschädel; dort nahezu Constanz, hier gleichmässiges Wachsthum. An der Verbindungsstelle mit dem Gesichte mag die Breite im Mittel 60°. betragen. Es übertrifft dieser Werth die Breite des Hirnschädels oder ist ihr wenigstens gleich bei allen Negern, bei den Bewohnern der Südsee, ferner bei einigen Stämmen Südamerikas und bei den Grönländern, bei allen übrigen Völkern aber wird er von ihr überragt. Es wiederholt sich demnach die bei der mittlern Frontalebene bereits besprochene Erscheinung. Eine Ausnahme von der Regel machen die Tungusen, die Paris und die Nordamerikaner, aber offenbar nur deshalb, weil wegen der bereits hervorgehobenen Rückwärtsschiebung des Hirnschädels nur ein kleinerer Abschnitt der Stirn in den Bereich unserer Schnittfläche fällt. Nach oben ist ihre Bogenlinie in der Regel gleichmässig gerundet und nur selten in der Mitte kielartig erhöht.

Noch treten in dieser vordern Frontalebene einige Punkte des Gesichtsschädels zu Tage, welche die Richtigkeit des bereits Mitgetheilten bekräftigen. Der Abstand der einzelnen Punkte der vordern Orbitalöffnung von der Medianebene ist wesentlich überall derselbe. Ihr Innenrand bedingt zugleich die Breite der Nasenwurzel, welche man durch Verdopplung der durch das Thränenbein begrenzten Abscisse (L) erhält. Sie ist mit geringen Abweichungen gleich 28, mag im übrigen die Nasenwurzel flach oder aber stark gewölbt sein.

d. Gemeinsame Eigenschaften der Frontalebenen.

Vergleichen wir die von uns durch den Schädel gelegten Frontalebenen mit einander, so lässt sich bei aller Besonderheit, die jeder einzelnen zukommt, doch eine gewisse Uebereinstimmung und die Anpassung an einen gemeinsamen Grundplan nicht verkennen. Vor allem betonen wir nochmals die Gleichartigkeit des Gesichtsschädels als überaus wichtigen Moment im Gegensatze zu der wechselnden Gestaltung des Hirnschädels. Bei diesem letztern tritt in der verschiedenen Breitenentwicklung ein typischer Charakter hervor, und zwar um so mehr, als sie durch die ganze Länge des Schädels zur Geltung kommt. In ihr herrscht vollständiger Parallelismus der einzelnen Frontalflächen, so dass es sich hier offenbar um eine durchgreifende Erscheinung handelt. Relativ gleichmässige Breite ist allen Kopfformen eigen. Stellen wir die grössten Breiten für die drei Ebenen zusammen, so macht diese Thatsache in überzeugender Weise sich geltend.

	F. p.	F. m.	F. a.			F. p.	F. m.	F. a.
Congoneger	65.	63.	54.	Tunguse	80.	70.	57.
Grönländer	70.	65.	55.	Grieche	78.	71.	62.
Neu-Holländer	71.	66.	56.	Botocude	79.	74.	63.
Paraguaraner	70.	67.	58.	Holländer	80.	71.	63.
Kaffer	69.	65.	56.	Tartar	79.	74.	63.
Hottentotte	71.	68.	57.	Jude	83.	77.	64.
Buschmann	71.	70.	60.	Russe	81.	78.	66.
Hindu	71.	69.	59.	Türke	82.	77.	64.
Nicobare	73.	70.	60.	Lappe	83.	71.	63.
Javanese	72.	73.	62.	Guanche	82.	76.	64.
Chinese	75.	71.	60.	Graubündner	83.	78.	63.
Aeg. Mumie	75.	73.	62.	Calmücke	85.	75.	63.
Schwede	80.	72.	61.				

Hieraus geht auf das bestimmteste hervor, dass alle Schädel in ihrer Totalität schmaler oder breiter werden, denn was für unsere drei Ebenen gilt, muss bei allen übrigen in gleicher Weise wiederkehren.

Alle Schädel sind mehr oder weniger ausgesprochene Keile, indem die Querdurchmesser nach vorn abnehmen. Prüfen wir den Grad dieser Abnahme, so scheint es beinahe, als ob sie bei breiten Schädeln etwas stärker hervorträte als bei schmalen; wenigstens beträgt sie in der ersten Hälfte der mitgetheilten Reihe 10—13, in der zweiten dagegen 15—22. Zu gleicher Zeit machen wir die Wahrnehmung, dass die Endglieder der Breitenreihe im Hinterhaupte weiter auseinander liegen, als im Vorderhaupte. Für die hintere Frontalebene beträgt die Differenz des höchsten und niedrigsten Werthes 20, für die mittlere 12, für die vordere nur 9. Der absolute Grössenunterschied reicht keineswegs hin, um diese Thatsache zu erklären; sie beweist vielmehr, dass alle Schädelformen in ihren vordern Theilen weniger von einander abweichen, als in ihren hintern und dass die Zunahme der Querdurchmesser namentlich in der letztern Richtung erfolgt. Es ist, als ob die sich gleich bleibende Entwicklung des Gesichtsschädels hemmend auch auf die Oscillationen des Gehirnschädels eingewirkt hätte, dessen hinterem Abschnitte allein grössere Freiheit individueller Gestaltung zukommt.

Die ausserordentlich wechselnde Breitenentwicklung der Frontalebenen des Schädels muss denselben in den verschiedenen Schädelformen einen sehr verschiedenen Charakter verschaffen, der namentlich durch ihr Verhältniss zum Höhendurchmesser sich ausprägt. Letzterer ist nach dem früher Mitgetheilten, geringe Schwankungen abgerechnet, wesentlich constant, und um so schärfer müssen demnach die Abänderungen der Breite hervortreten. Um diese vollständig zu erhalten, verkoppeln wir die betreffenden Zahlen unserer Tabellen (die Abscissen. Stellen wir sie mit der Höhe zusammen, so erhalten wir folgende Reihe, in der die Differenz (D) stets auf die Breite soll bezogen werden.

	F. p.			F. m.			F. a.		
	Breite.	Höhe.	D.	Breite.	Höhe.	D.	Breite.	Höhe.	D.
Congoneger	130.	138.	—8.	126.	129.	—3.	108.	110.	—2.
Grönländer	140.	142.	—2.	130.	133.	—3.	110.	108.	2.
Neu-Holländer	142.	146.	—4.	132.	139.	—7.	112.	116.	—4.
Paraguaraner	140.	146.	—6.	131.	138.	—4.	116.	116.	0.
Kaffer	138.	143.	—5.	130.	135.	—5.	112.	111.	1.

	F. p.			F. m.			F. a.		
	Breite.	Höhe.	D.	Breite.	Höhe.	D.	Breite.	Höhe.	D.
Hottentotte . .	142.	145.	— 3.	136.	136.	0.	114.	114.	0.
Buschmann . .	148.	152.	— 4.	140.	138.	2.	120.	114.	6.
Hindu	142.	148.	— 6.	138.	141.	— 3.	118.	118.	0.
Nicobare . . .	146.	149.	— 3.	140.	143.	— 3.	120.	119.	1.
Javanese . . .	141.	151.	— 7.	146.	141.	5.	124.	122.	2.
Chinese . . .	150.	149.	1.	142.	142.	0.	120.	120.	0.
Aeg. Mumie . .	150.	149.	1.	116.	139.	7.	121.	118.	6.
Schwede . . .	160.	144.	16.	144.	131.	13.	122.	108.	14.
Tunguse . . .	160.	138.	22.	140.	126.	14.	111.	101.	13.
Grieche . . .	156.	150.	6.	148.	141.	7.	124.	118.	6.
Botocude . . .	158.	147.	11.	148.	140.	8.	126.	119.	7.
Holländer . . .	160.	150.	10.	148.	139.	9.	126.	116.	10.
Tartar	155.	147.	11.	148.	140.	8.	126.	118.	8.
Jude	166.	147.	19.	154.	136.	18.	128.	114.	14.
Russe	162.	148.	14.	156.	141.	15.	132.	120.	12.
Türke	164.	149.	15.	154.	143.	11.	128.	121.	7.
Lappe	166.	147.	19.	148.	136.	12.	126.	114.	12.
Guanche . . .	164.	150.	14.	152.	141.	11.	128.	121.	7.
Graubündtner .	166.	151.	15.	156.	141.	15.	127.	119.	8.
Calmücke . .	170.	143.	27.	150.	132.	18.	126.	110.	16.

Wir ersehen hieraus die Ungleichheit, welche in dem Verhältniss von Höhe und Breite sich ausspricht. Bei den schmalen Schädeln überwiegt die erstere, bei den breiten die letztere. Jene erscheinen demnach auf Frontalschnitten in verticaler Richtung verlängert, diese dagegen verkürzt, doch nur scheinbar, da nur die Breite, nicht aber die Höhe eine andere wird. Es ist deshalb auch durchaus unzulässig, von hohen und niederen Schädeln zu sprechen. Wichtiger aber als die Thatsache, dass die Höhe bald über die Breite überwiegt, bald hinter sie zurücktritt, ist die Beobachtung, dass in dieser Hinsicht keine volle Uebereinstimmung zwischen unsern drei Frontalebenen herrscht. Es ist nämlich unzweideutig, dass in der vordersten Frontalebene das Ueberwiegen des Querdurchmessers früher erfolgt, als in der mittlern, und dass es in dieser bälder eintritt als in der hintersten; das heisst mit andern Worten, dass, da die Höhendimensionen im Ganzen überall dieselben sind, die Breitenausdehnung am vordern Schädelende früher zunimmt, als am hintern Ende. Auch hier finden wir also wieder die Bestätigung des Satzes, dass die schmalen und breiten Schädel weniger im vordern, als im hintern Abschnitte von einander verschieden sind. Die divergenten Reihen nähern sich der Stirn und entfernen sich von einander im Hinterhaupt; zugleich erfolgt die Umwandlung des schmalen Typus in den breiten durch allmälige Breitenzunahme von vorn nach hinten. In den hintern Theil des Kopfes fällt also nicht bloss die absolute, sondern auch die relativ grösste Breite. Auch von dieser Seite findet die von Gratiolet aufgestellte Theorie, wornach die Racen in frontale, parietale und occipitale zerfallen sollen, keine Bestätigung, besitzt doch seine frontale Race (Europäer) gerade das stärkste, seine occipitale (Neger) dagegen das schwächste Hinterhaupt.

Im Ganzen lässt sich entschieden eine Tendenz zum Vorherrschen des Querdurchmessers bemerken; die Differenz zu seinen Gunsten ist entschieden grösser als die gegentheilige. Die von dem Tungusen und Calmücken gelieferten auffällig grossen Werthe verdanken ihren Ursprung der schon früher erwähnten Abflachung des Schädels.

Die Höhenangaben der einzelnen Frontalebenen zeigen nicht unbedeutende Differenzen. Sie rühren aber nicht davon her, dass die Höhe des Schädels im ganzen eine andre wird, sondern davon,

4*

dass eben die Mediankrümmungen nicht in allen Punkten sich decken und auch nicht genau in denselben Punkten von den Frontalebenen geschnitten werden. Das allgemeine Gesetz erleidet dadurch keinen Eintrag.

B. Gesammtform des Schädels.

Wie gross auch die Zahl der Forscher ist, welche sich mit der Untersuchung menschlicher Schädel beschäftigt haben, so haben doch nur wenige eine Classificirung derselben versucht. In frühern Zeiten scheint überhaupt ein derartiges Bedürfniss nicht gefühlt worden zu sein, später begnügte man sich mit der Bezeichnung der allgemeinen Umrisse, wie sie eben vom Auge beurtheilt wurden, ohne dafür eine mathematische Formel zu verlangen. Von den wenigen Versuchen, eine solche aufzustellen, hat keine eine so hohe Bedeutung erlangt, wie diejenige von Retzius, dessen System, obwohl schon wiederholt von verschiedenen Seiten angefochten, doch noch jetzt einer solchen Herrschaft sich erfreut, dass sich ihm die meisten Forscher ohne Weiteres unterwerfen. Noch vielfach glaubt man einen Schädel hinreichend mit der Bemerkung charakterisirt zu haben, dass er dolicho- oder brachycephal oder aber keines von beiden sei. Prüfen wir die Grundlagen, auf denen das Retzius'sche Gebäude sich erhebt. Bei der Durchmusterung einer längern Reihe von Schädeln kann es nicht entgehen, dass die einen mehr in die Länge, die andern mehr in die Quere oder Breite sich ausdehnen. Jene erscheinen schlanker, diese dagegen gedrungener, und Retzius hat sie unter den Namen der Dolichocephalie und der Brachycephalie von einander geschieden. Bei der unbedingten Annahme dieser Eintheilung hat man nun vielfältig sich nicht klar gemacht, welches Motiv eigentlich der ganzen Auffassung zu Grunde liegt. Die erwähnte Gestalt des Kopfes wird bedingt durch das Verhältniss der Länge zur Breite; je nachdem dieses ändert, ändert auch sie sich nothwendigerweise. Ist es nun schon ein Mangel dieses Systems, dass die dritte Dimension des Kopfes, die Höhe, nicht berücksichtigt wird, so liegt doch ein anderer, ungleich gewichtigerer, darin, dass eben die Beziehungen der Länge zur Breite als ein Moment betrachtet werden, welches für den Schädel stets dieselbe Bedeutung besitzt. Retzius und mit ihm viele andere haben vollständig übersehen, dass dieselben Beziehungen zwischen Länge und Breite an durchaus verschiedene Fundamente sich anlehnen können; sie haben nicht beachtet, dass Schädel in diesem Punkte äusserlich ähnlich, ja gleich sein können, während sie doch innerlich durchaus verschieden sich verhalten. Die Dolicho- und Brachycephalie besagt nicht das Geringste über die Stellung der bevorzugten Dimensionen zu den übrigen Durchmessern des Schädels, und doch können für jene nur diese einen Maassstab abgeben. Das System von Retzius basirt auf Verhältnisszahlen. Verhältnisszahlen zwischen zwei Werthen bezeichnen man aber nur die Beziehungen, in denen diese zu einander stehen, über sie selbst geben sie keine Auskunft. Ob sie gross oder klein sind, ob sie zu- oder abnehmen, lässt die Verhältnisszahl nicht erkennen, sobald die Aenderung auf beiden Seiten gleichmässig auftritt. Durch Verhältnisszahlen erfahren wir aber auch nicht, welchen Antheil bei vorkommenden Aenderungen jeder der beiden Factoren an andern hat; sie lassen uns in vollständiger Unwissenheit darüber, ob einer und dann welcher der beiden constant bleibt, während der andere sich verändert, oder aber ob beide, aber in ungleichem Maasse, andere Werthe annehmen. Hierin liegt denn auch der Hauptmangel des Systems von Retzius. Offenbar hat er alle Aenderungen der Verhältnisszahl nur aus der Veränderung des einen Factors hervorgehen lassen. Stillschweigend hat er das Dogma aufgestellt, dass in den verschiedenen Schädelformen der Querdurchmesser sich gleich bleibe, und schon die gewählten Ausdrücke der Langköpfe und der Kurzköpfe zeigen zur Genüge, dass für ihn nur der Längsdurchmesser zu- oder abnimmt. Die Richtigkeit dieser Annahme hätte nun freilich erst bewiesen werden müssen, aber das hat weder Retzius noch irgend ein anderer gethan. Jeder derartige Versuch hätte auch zu dem entgegengesetzten Resultate geführt. Die von uns gemachten Angaben sprechen klar genug dafür, dass der Querdurchmesser nicht minder, ja noch mehr veränderlich sei, als der Längsdurchmesser und desshalb ist jede Verhältnisszahl zwischen Länge und Breite als solche für die Beurtheilung der Schädelform in keiner Weise zu verwerthen. Die Dolichocephalie und die Brachycephalie

kann auf ganz verschiedene Weise zu Stande kommen. Durch jene erfährt man nur, dass der Längsdurchmesser den Querdurchmesser beträchtlich überragt, nicht aber, ob im Verhältniss zum ganzen
Schädel er selbst lang oder der andern nur kurz ist; aus dieser ersieht man, dass der Querdurchmesser
nicht weit hinter dem Längsdurchmesser zurücksteht, ob aber aus eigener Kraft oder in Folge der Schwäche
des Gegners bleibt verborgen. Dolichocephalie kann also ebensowohl in der Zunahme der Länge, als
auch in der Abnahme der Breite, Brachycephalie ebensowohl in der Abnahme der Länge als auch
in der Zunahme der Breite ihren Grund haben; aber darauf nimmt Retzius nicht die geringste Rücksicht, und er wirft deshalb ganz fremdartige Dinge zusammen.[1] Es liegt hierin nach meiner Ueberzeugung ein solcher Fehler, dass auf diese Weise ein wirkliches Verständniss sich nie wird erzielen
lassen. Diesem Mangel gegenüber kommt der Vorwurf, dass nicht alle Schädel in eine der beiden
Gruppen sich einreihen lassen, gar nicht in Betracht; denn es wird kaum ein Eintheilungsprincip zu
finden sein, wo dieser Uebelstand sich nicht wiederholte und durch Aufstellung mehr oder minder willkürlicher Mittelformen gehoben werden müsste. Gegen den Hauptschaden giebt es nur Ein Mittel,
nämlich die Reduction sämmtlicher Durchmesser auf ein und dieselbe Grundlinie. Dass mit Hülfe
die volle Kenntniss der Schädelformen sich gewinnen lässt, versteht sich von selbst; aber sie bildet die
einzige sichere Grundlage, auf der weiter gebaut werden kann. Ohne sie steht das ganze Gebäude in
der Luft und fällt eines schönen Tages zusammen. Weshalb ich die Länge der Wirbelsäule zur
Reduction benutzt habe, wurde bereits besprochen, und es ist unnöthig, darauf zurückzukommen. Nur
eines Vorschlages von Welcker[2] mag hier noch gedacht werden. Auch er will die Schädel „gleich gross"
machen, aber dadurch, dass er alle Maasse auf die Summe der Hauptdurchmesser (Längs-, Quer- und
Höhendurchmesser) zurückführt. Doch das angestrebte Ziel wird auf diese Weise sicher nicht erreicht;
denn jede Reduction hat offenbar nur dann einen Sinn, wenn sie auf eine Einheit sich bezieht; hier aber
sollen nicht weniger als drei solcher Einheiten combinirt werden; es lässt sich also durchaus nicht
erkennen, welchen Antheil an irgend einer Aenderung jede derselben genommen hat. Es leidet diese
Methode, die übrigens von Welcker selbst nur theoretisch aufgestellt, nicht aber praktisch durchgeführt
worden ist, an dem gleichen Fehler wie diejenige von Retzius, nur noch in gesteigertem Maasse. Direct
vergleichbare Schädelwerthe erhalten wir durch dieselbe nun und nimmermehr, da die entgegengesetztesten
Schädelformen dieselbe Grösse für die Summe der drei Hauptdurchmesser darbieten können. Die Summe
von a, b und c ist immer die gleiche, in welcher Form der Permutation sie auch immer auf die Hauptdurchmesser des Schädels sich vertheilen mögen; es bedarf aber wohl keines Nachweises, dass der Typus
jeder Schädelbildung gerade in der Art dieser Vertheilung begründet ist. Ob Grössenveränderung
in der Richtung der Länge, der Breite oder der Höhe, oder vielleicht in allen dreien stattgefunden hat,
ist sicherlich nicht gleichgültig. Nur ein einfaches Grundmaass kann hierüber Aufschluss ertheilen.
Welchem man hierbei den Vorzug geben will, das mag immer Sache der Discussion werden. Welcker,
indem er die Richtigkeit der allgemeinen Forderung anerkennt, macht zu gleicher Zeit, wie die einfachste
Rechnung ergiebt, einen Vorschlag, der ihre Verwirklichung geradezu unmöglich macht. Eine Aenderung
der absoluten Dimension wird immer eintreten, mag man nun die Reduction in dieser oder in jener
Weise vornehmen. Welcker macht diesen Vorwurf in sehr einseitiger Weise der Anwendung einer einfachen Grundlinie. Er sagt nämlich (a. a. O. p. 97): „Es ist nun aber mit jeder Art von Modulus, so
nützlich sie sich auf der einen Seite erweisen mögen, auf der andern Seite ein missliches Ding. Wählt
man z. B. die Schädelbasis, ein Maass, welches sich offenbar vor vielen andern empfiehlt, so bleibt
der deutsche Schädel, indem ab = 100 ist, unverändert; der Lappenschädel, mit 97 ab, wird

---

[1] Beim Durchlesen der Literatur finde ich, dass diese Gesichtspunkte zum Theil auch von Broca aufgestellt worden
sind (Bulletins de la Société d'Anthropologie de Paris II. p. 647), doch gelang es ihm nicht, sie zur vollen Klarheit durchzuführen, wie schon aus seiner Beibehaltung des Eintheilungsprincipes von Retzius hervorgeht.

[2] Archiv f. Anthropologie. I. Heft. p. 89.

in allen seinen Maassen vergrössert; der des Sandwichinsulaners, mit 107, wird verkleinert. Es scheint mir hierin eine grosse Inconvenienz zu liegen. Denn für die Vergleichbarkeit der einzelnen Maasse des Lappenschädels mit dem des Sandwichinsulaners wird hierdurch in keiner Weise etwas gewonnen; die gewünschte Vergleichbarkeit scheint mir sogar grösser, wenn einfach die absoluten Maasse zu Grunde gelegt werden." Eine Inconvenienz würde in diesem Verfahren aber nur dann liegen, wenn man sich mit der Vergleichung der reducirten Zahlen begnügen und nicht auch diejenige der absoluten Werthe vornehmen wollte. Dass aber für die Gewinnung der reinen und absoluten Gestalt jene ganz besondern, ja sogar höhern Werth besitzen, als diese letztern, giebt auch Welcker zu, weil durch sie ein grosser Theil der Verschiedenheiten, welche von dem blossen Grössenunterschiede der Schädel abhängen, ausfällt und demnach in Bezug auf die Gestaltverhältnisse nur die wirklich wesentlichen Unterschiede hervortreten. Dass aber die Schädel nur bei der Reduction auf die Summe der drei Hauptdurchmesser gleich gross werden, ist in nichts gerechtfertigt, da diese Summe ebensowenig wie die Länge der Schädelbasis überall gleich ist. Eine Aenderung der absoluten Werthe muss auch hier bald in dieser, bald in jener Richtung eintreten, und wenn, was wir freilich bestreiten, in dieser Aenderung ein Vorwurf liegt, so trifft er die Reductionsmethode von Welcker nicht weniger als die unsrige. Wir müssen wohl unterscheiden zwischen der morphologischen und der physiologischen Verwerthung eines Gebildes; jene darf sich der absoluten Grösse entschlagen, diese findet gerade in ihr eine wesentliche Stütze.

Wir haben in dem Vorhergehenden der Dolicho- und Brachycephalie von Retzius die Fähigkeit abgesprochen, die Grundlage einer wirklich rationellen Ethnographie zu werden, weil durch sie die wahre Verwandtschaft nicht vor der scheinbaren sich unterscheiden lässt. Sonder Zweifel ist es auch nicht die bewusste Ueberzeugung von der Richtigkeit des ihnen zu Grunde liegenden Principes gewesen, was dieser Auffassung einen so allgemeinen Erfolg verschaffte, sondern nur die behagliche Befriedigung, den grenzenlosen Wirrwar der Kopfformen durch wenige und einfache Linien geordnet zu haben. Begreiflicherweise lässt man sich deshalb auch nicht gerne aus seiner Ruhe aufstören. Schon von verschiedenen Seiten haben sich Stimmen dagegen erhoben, aber sie sind so ziemlich Stimmen in der Wüste geblieben, wenigstens nach der Zuversichtlichkeit zu urtheilen, womit die Brachy- und Dolichocephalie noch immer zum vollen Curse ausgegeben wird, und doch hätte die Naturwissenschaft, die sich rühmt, immer nur auf positiven Grundlagen zu fussen, gerade in der Neuzeit, wo so weitgehende und mitunter gewagte Schlüsse auf diese Unterschiede gebaut werden, Aufforderung genug gehabt, die Solidität derselben von neuem zu prüfen. Wie kann denn auch ein System ein ethnologisch verwerthbares Material liefern, das eine allen natürlichen Verwandtschaftsverhältnissen so offenkundig widersprechende Gruppirung der Völker aufstellt, wie die von Retzius gegebene. Wie verträgt es sich mit der mehr und mehr mit Vorliebe gepflegten Richtung, selbst die nächstverwandten Völker an dem oft minutiösesten Unterschiede der Kopfbildung von einander zu trennen, ein System zur Grundlage zu wählen, das nicht einmal einen Holländer oder einen Schweden von einem Neger zu unterscheiden weiss? Diese Eine Thatsache hätte schon hinreichen sollen, um die Unhaltbarkeit der Retzius'schen Eintheilung zu ethnologischen Zwecken zu beweisen; denn ein Princip, das so unzusammengehörige Dinge wie einen Holländer und einen Neger zusammenwirft, das kann wohl noch zusammenhaltende Dinge auseinanderreissen. Man wusste auch schon lange, dass die beiden „typischen" Formen sich nicht ausschliessen und dass in dolichocephalen Racen Brachycephalie und in brachycephalen Dolichocephalie sich vorfindet; es drängte sich diese Erfahrung sowohl an den Köpfen noch existirender Stämme, als auch an Gräberschädeln auf. Es ist Mode geworden, hierin ein Zeichen stattgefundener Mischung zu sehen. Brachycephale Formen unter vorzugsweise dolichocephalen Stämmen, dolichocephale Formen unter brachycephalen sind fremde Eindringlinge und wo in ein und demselben Grabe, unter ein und denselben Verhältnissen zwei Köpfe, der eine lang, der andere kurz, sich vorfinden, werden sie ohne Weiteres zu Repräsentanten verschiedener Racen gestempelt. Und solch gepaartes Vorkommen zeigt sich nicht etwa bloss bei den modernen Culturvölkern, die im Verlaufe der Zeit die verschiedensten Elemente aufgenommen und verschmolzen haben, sondern auch bei solchen, wo wir von

derartigen Ereignissen gar nichts wissen. Schon Baer ist es aufgefallen, aus der Mitte der dolichocephalen Südseeinsulaner einen entschieden brachycephalen Kopf erhalten zu haben, und Aitken
Meigs[1]) sieht sich genöthigt, die Mehrzahl seiner nordamerikanischen Indianerstämme in den drei Hauptgruppen der Dolichocephalie, der Mesocephalie und der Brachycephalie unterzubringen. Was berechtigt
uns denn hier einen brachycephalen Creek oder Seminolen als anderem Stamme entsprossen zu betrachten,
als einen dolichocephalen? Offenbar nur die Voraussetzung, dass Dolichocephalie und Brachycephalie
verschiedene, von Haus aus getrennte Typen darstellen, die, so oft sie auftreten, auch getrennten Ursprungs
sind. Aber die Richtigkeit dieser Voraussetzung ist durch nichts bewiesen als durch die weitere Voraussetzung, dass beide Kopfformen constante Erscheinungen repräsentiren und dass keine in die andere ohne
vollständige Umänderung der allgemeinen morphologischen Grundlage des Schädels übergehen könne.
Man begeht den grossen Fehler, dass alle Veränderungen der Schädelformen nur auf die wechselnde Längenausdehnung bezogen werden, während die Breitenentwicklung keine Berücksichtigung
findet. Wir haben oben gezeigt, wie von allen Bestandtheilen des Kopfes keiner so bedeutenden individuellen Schwankungen unterliegt, wie gerade das Hinterhaupt, also derjenige Theil, durch den die absolute
Längenentwicklung am meisten bedingt und demnach sein Charakter als dolichocephale oder brachycephale
Bildung am ehesten festgestellt wird. Wir haben bei einer frühern Gelegenheit die Grösse der individuellen Schwankung des Hinterhauptes im Mittel zu etwa 20% angegeben, wir haben sie aber auch
beinahe auf das Doppelte ansteigen sehen und es ergiebt sich hieraus ohne Weiteres, dass ein und derselbe Schädel bloss durch das Verhalten seines Hinterhauptes mit Nothwendigkeit das eine Mal dolichocephal, das andere Mal brachycephal werden muss. Gewiss erklärt sich auf diese Weise das gleichzeitige
Vorkommen von Schädeln beider Gestaltung und namentlich auch das Auftreten unzähliger Uebergangs-
formen viel einfacher und ungezwungener als durch die meist ganz hypothetische Annahme fremder Bei-
mischung. Es liegt auf der Hand, dass dieser Art von Dolicho- und Brachycephalie nicht die geringste
typische Bedeutung kann zugeschrieben werden. Sie ist nichts anders als der individuelle Ausdruck der
Hinterhauptsentwicklung, welche für den übrigen Schädel eine Bedeutung ist. Retzius freilich fasste
diess Verhältniss gerade in der entgegengesetzten Weise auf, indem er unter allen Umständen den Charakter
der Kopfform auf sie basirte. Nach ihm[2]) beruht der Unterschied zwischen Länge und Breite bei der
dolichocephalen und brachycephalen Form in den meisten Fällen auf einer geringern oder grössern Entwicklung hinten nach dem Occiput, so dass dieses bei der letztern kurz, meist platt oder plattge-
rundet, bei der erstern meistens lang und von den Seiten etwas zusammengedrückt erscheint. Wenn
irgend ein Punkt, so lässt sich gewiss dieser durch Reduction der absoluten Länge auf eine einfache
Grundlinie in endgültiger Weise erledigen; denn lang oder kurz kann ein Hinterhaupt nur mit Beziehung
auf die übrigen Schädelmaasse genannt werden. Stellen wir die Resultate unserer Messungen an solchen
Racen zusammen, die von Retzius selbst als Beispiele der Dolicho- und der Brachycephalie gewählt
worden sind.

Dolichocephalae.		Genten	Brachycephalae.	
	Länge d. Occ.			Länge d. Occ.
Congoneger	57.		Javanese	58.
Mozambiqueneger	59.		Macassare, Türke, Buraete.	64.
Angolaneger	60.		Tartar	66.
Kaffer	64.		Russe	68.
Neger aus Sudan	69.		Finne, Baschkire	71.
Hottentotte	70.			
Buschmann	72.			

[1]) Observations upon the Cranial forms of the American Aborigines. Philadelphia, 1866.
[2]) Müller's Archiv. 1845. p. 108.

Gentes

Dolichocephalae.	Länge d. Occ.	Brachycephalae.	Länge d. Occ.
Chinese	63.	Lappe	72.
Hindu	67.	Calmücke	73.
Holländer	80.		
Schwede	83.		

Als ich diese Tabelle zum ersten Male zusammengestellt hatte, erregte sie in mir das Gefühl lebhaftester Ueberraschung und sicherlich wird Niemand, dem die Begriffe der Dolichocephalie und der Brachycephalie geläufig geworden, sich eines solchen erwehren können. Es ist nach Retzius die Entwicklung des Hinterhauptes, welche die Verschiedenheit in den Beziehungen der Länge und Breite bedingt; unsere Tabelle aber beweist, dass eine derartige Verschiedenheit gar nicht existirt und dass in der Entwicklung des Hinterhauptes nicht der geringste Unterschied zwischen dolichocephalen und brachycephalen Schädeln vorhanden ist, indem von beiden fast die ganze Scala zwischen dem Minimum und dem Maximum der Entfaltung durchlaufen wird. Es ist diess eine Erkenntniss von fundamentalster Bedeutung, die nicht bloss durch die Zahlen, sondern auch durch die Curven aufs Unzweideutigste bewiesen wird. Die dolichocephalen und brachycephalen Kopfformen fallen gerade dort zusammen, wo sie am weitesten auseinandergehen sollten; die ganze Theorie von Retzius basirt demnach auf einer unrichtigen Voraussetzung. Kann man sich schärfere Gegensätze der Dolicho- und Brachycephalie denken als Buschmann und Lappe, Kaffer und Russe, Neger von Mozambique und Javanese, Hottentotte und Baschkire, Hindu und Tartare, und ist es wohl möglich, eine grössere Uebereinstimmung der Medianebene zu denken, als sie aus den Zahlen und den Figuren auf Taf. 5. hervortritt? Und wiederum welche Verschiedenheit zwischen dem Neger von Mozambique und dem Schweden, oder zwischen dem Javanese und dem Lappen, und doch sollen jene und diese beide derselben Gruppe angehören. Also die Medianebenen der verschiedenartigsten Typen können vollkommen gleich, die der übereinstimmenden vollkommen verschieden sein, und es kann wohl der Grund der Differenz in der allgemeinen Form deshalb auch nicht in ihnen liegen, sondern er muss durch andere Verhältnisse bedingt werden. Die Entwicklung des Hinterhauptes im brachycephalen Schädel entspricht genau derjenigen im dolichocephalen. Beide sind also nicht bloss eventuell gleich, sondern es übertrifft auch das stärker entwickelte Hinterhaupt des brachycephalen Schädels das schwächere des dolichocephalen annähernd um ebensoviel, als das stärkere des dolichocephalen das schwächere des brachycephalen. Der extreme dolichocephale Schädel des Congonegers hat ein Hinterhaupt von 57, der extreme brachycephale des Calmücken ein solches von 75! Bedarf es noch weiterer Nachweise für die Richtigkeit des von uns aufgestellten Satzes? Ich denke nein!

Wo ist denn nun der Grund für das so ausserordentlich wechselnde Verhältniss zwischen Länge und Breite zu suchen? Offenbar kann er, wenn jene constant ist, nur in der letztern liegen. Hierfür bieten uns denn auch unsere Tabellen genugsame Belege, haben wir doch bereits nachgewiesen, dass die Querdurchmesser der einzelnen Schädelebenen in durchaus constanter Weise innerhalb bedeutender Grenzen schwanken. Es verbindet sich also das eine Mal in dem Schädel ein kleinerer, das andere Mal ein grösserer Querdurchmesser mit einem Längsdurchmesser von gleichem Werthe; das Vorwiegen des letztern wird dann in den beiden Hirnkapseln in verschiedenem Maasse zur Geltung kommen; das Oval ist das eine Mal schlank, das andere Mal gedrungen. Mit Unrecht hat Retzius dieses Verhalten auf eine Ungleichheit des Längsdurchmessers bezogen; ohne Zweifel hat er dem grössern Durchmesser auch die grössere Bedeutung beilegen zu müssen geglaubt. Was er also für lang und kurz gehalten, ist nichts anders, als schmal und breit, und es scheiden sich die Menschen nicht nach Dolichocephalie und Brachycephalie, sondern nach Stenocephalie und Eurycephalie.[*] Ordnen wir zunächst die von uns unter-

[*] Ich habe schon im Jahre 1863 diesen Satz in den Verhandlungen der Naturforschenden Gesellschaft zu Basel (III. Theil, IV. Heft) aufgestellt, doch scheint er nicht zu weiterer Kenntniss gelangt zu sein. Die dort gebrauchten Bezeichnungen von Leptocephalie und Platycephalie sind wohl passend durch die obigen zu ersetzen.

suchten Schädel nach dem grössern und geringern Grade ihrer Breite, so erhalten wir folgende Reihe, in der wir, um eine richtige Beurtheilung der Mittelwerthe zu ermöglichen, je die Maximal- und Minimalwerthe der einzelnen Beobachtungen beisetzen wollen.

		Grösste Breite der				
		F. p.		F. m.		F. a.
Congoneger	65.	60 – 68.	63.	57 71.	54.	49 – 58.
Angolaneger	69.	67 – 71.	67.	65 – 69.	58.	56 – 60.
Neger aus Sudan	69.	65 – 73.	64.	61 – 69.	56.	52 – 60.
Kaffer	69.	66 – 75.	65.	62 – 70.	56.	52 – 61.
Knochenhöhlen Brasiliens	69.	66 – 71.	67.	64 – 69.	58.	51 – 62.
Paraguaraner	70.	69 – 72.	67.	65 – 70.	58.	58 – 59.
Grönländer	70.	61 – 79.	65.	58 – 71.	55.	49 – 61.
Malabare	70.	64 – 80.	67.	62 – 73.	58.	51 – 66.
Neger von Mozambique	71.	67 – 76.	68.	63 – 72.	59.	53 – 62.
Hottentotte	71.	69 – 71.	66.	66 – 71.	57.	54 – 60.
Neu-Holländer	71.	68 – 76.	66.	63 – 71.	56.	54 – 58.
Hindu	71.	68 – 74.	69.	66 – 74.	59.	56 – 66.
Einwohner von Tonga	72.	70 – 75.	65.	64 – 66.	53.	52 – 54.
Nicobare	73.	65 – 77.	70.	65 – 75.	60.	53 – 64.
Buschmann	74.	66 – 78.	70.	63 – 75.	60.	54 – 65.
Nukahiver	75.	71 – 79.	70.	67 – 73.	58.	58 – 59.
Buggise	75.	61 – 82.	72.	62 – 77.	63.	51 – 67.
Chinese	75.	69 – 82.	71.	61 – 77.	60.	56 – 67.
Zigeuner	75.	72 – 78.	73.	67 – 78.	62.	59 – 64.
Macassare	76.	71 – 79.	72.	66 – 78.	63.	58 – 69.
Mahratte	76.	73 – 79.	71.	70 – 73.	61.	58 – 63.
Aegyptische Mumie	76.	69 – 83.	72.	67 – 81.	62.	58 – 67.
Däne	76.	67 – 86.	72.	66 – 78.	62.	57 – 68.
Sandwichinsulaner	77.	75 – 79.	72.	69 – 74.	60.	59 – 61.
Bewohner der Sundainseln	77.	69 – 83.	73.	65 – 77.	61.	54 – 65.
Balinese	77.	73 – 80.	73.	70 – 78.	63.	57 – 66.
Sitkakane	77.	75 – 80.	70.	68 – 71.	58.	55 – 59.
Javanese	78.	71 – 85.	73.	67 – 80.	62.	55 – 71.
Grieche	78.	75 – 81.	74.	72 – 75.	62.	61 – 63.
Botocude	79.	68 – 86.	74.	69 – 78.	63.	58 – 67.
Puri	79.	77 – 81.	71.	71 – 72.	57.	57 – 57.
Caraibe	79.	68 – 87.	74.	69 – 81.	62.	59 – 66.
Tartare	79.	73 – 84.	74.	68 – 81.	63.	59 – 66.
Indianer von Nordamerika	79.	76 – 83.	71.	66 – 77.	59.	55 – 62.
Kosak	79.	71 – 88.	76.	70 – 81.	64.	54 – 70.
Tunguse	80.	68 – 87.	70.	63 – 76.	57.	52 – 64.
Holländer	80.	75 – 86.	74.	67 – 80.	63.	55 – 67.
Finnländer	80.	74 – 84.	74.	67 – 79.	61.	60 – 65.
Schwede	80.	76 – 83.	72.	70 – 74.	61.	56 – 65.
Buraete	80.	73 – 85.	75.	71 – 79.	62.	58 – 65.
Russe	81.	74 – 87.	78.	71 – 86.	66.	59 – 76.
Baschkire	81.	76 – 84.	76.	72 – 79.	65.	62 – 68.

Anat. Schädelformen

5

		F. p.		Grösste Breite der	F. m		F. u	
Etrusker	. . . . .	81.	81—84.	75.	75—76.	64.	62 - 65.
Türke	. . . . .	82.	76—90.	77.	76—87.	64.	57—76.
Gauche	. . . . .	82.	76 - 86.	76.	75—79.	64.	62—67.
Jude	. . . . .	83.	78 - 86.	77.	72 - 82.	64.	57—70.
Graubündtner	. . . .	83.	80 - 89.	78.	76—81.	63.	61—68.
Lappe	. . . . .	83.	76 - 86.	74.	71—77.	63.	59—66.
Calmucke	. . . .	85.	78 - 90.	75.	70—80.	63.	56 - 68.

Ich habe hier bloss diejenigen Beobachtungen aufgeführt, welche an mehreren Schädeln gemacht und zu einem mittlern Werthe berechnet werden konnten; zahlreiche einzelne Messungen mussten der individuellen Schwankungen wegen unberücksichtigt bleiben und werden später noch ihre Besprechung finden. Gewiss enthält aber diese Tabelle der Elemente genug, um allgemeine Schlussfolgerungen zu gestatten.

Betrachten wir zunächst den Gang der aufsteigenden Reihen, so darf vor allem wieder die früher schon hervorgehobene Thatsache betont werden, dass er für alle drei Ebenen, geringe, offenbar zufällige, Schwankungen abgerechnet, durchaus derselbe ist. Das Breitenwachsthum erfolgt stets in der ganzen Länge des Schädels, nicht bloss an einzelnen Abschnitten. Wenige Köpfe machen hiervon eine Ausnahme, indem sie in den vordern Ebenen einen niedrigeren Rang einnehmen, als ihnen eigentlich nach der Ausbildung des hintern Endes zukäme. Es ist diess der Fall bei dem Einwohner von Tonga, dem Sitkakauen, dem Tungusen, dem Puri und dem Nordamerikaner. Hier erfolgt eine entschiedene Verschmälerung nach vorn und ein ähnliches Verhältniss findet sich wenigstens angedeutet auch bei dem Schweden. Die Zusammenstellung dieser Völker zeigt wohl zur Genüge, dass dieser Erscheinung keine allgemeine Bedeutung darf zugeschrieben werden, und sie sinkt im Werthe noch wesentlich durch die Thatsache, dass die meisten der aufgezählten Köpfe auch sonst noch den ihnen eigentlich zukommenden Typus umwandeln. Im übrigen ist keine Lücke in unserer Reihe; ununterbrochen reiht sich Glied an Glied zur fortlaufenden Kette. Jeder Versuch, die Stenocephalen (Schmalköpfe) von den Eurycephalen (Breitköpfen) zu trennen, ist ein rein willkürlicher, um so mehr, als die Bezirke individueller Schwankungen überall ineinanderfliessen und nur das Mittel als festen Punkt gesondert hervortreten lassen. Eine Scheidung ist in der Wirklichkeit nicht vorhanden und ganz allmällig wandelt sich eine niedrige Stufe dadurch in eine höhere um, dass ihre niedrigen Elemente durch höhere ersetzt werden. Nichtsdestoweniger mag es doch praktisches Bedürfniss sein, irgendwo eine Grenze zwischen Schmalköpfen und Breitköpfen zu ziehen, gerade wie man es bei Langköpfen und Kurzköpfen von jeher auch gethan hat, ohne dabei zu vergessen, dass sie nicht als wirkliche Scheidemarke dürfe betrachtet werden. Mir scheint, dass in unserm Falle die Grösse der individuellen Schwankung einen guten Anhaltspunkt für eine nicht allzuwillkürliche Grenze abgebe. Vergleichen wir nämlich die Maxima und die Minima, so kann es uns nicht entgehen, dass die Minima der höchsten Stellen gerade bis an die Maxima der niedersten herabreichen, während beide in den mittlern vielfach über einander weggreifen. Denken wir uns nun jede Normalform als einen Punkt, von dem nach allen Seiten in gleicher Stärke die individuelle Schwankung ausstrahlt, so wird jener Punkt zum Mittelpunkte eines Kreises. Das Verhältniss dieser verschiedenen Kreise zu einander wird bedingt durch das Grössenverhältniss, in welchem die Radien der Kreise, die wir dem früher Gesagten zufolge als ziemlich gleich annehmen dürfen, zu dem Abstande ihrer Mittelpunkte stehen. Sind jene kleiner als diese, so kommen die Kreise aus- oder nebeneinander zu liegen, sind sie aber grösser, so müssen die Kreise sich über einander verschieben und zwar um so mehr, je näher bei gleichbleibenden Radien die Mittelpunkte zusammenrücken. In unserm Falle liegen die beiden Endkreise so aneinander, dass sie gerade mit ihren Rändern sich berühren; alle übrigen reihen sich zwischen sie, und zwar so, dass sie beide in ungleichem Maasse decken. Nur Einer verhält sich zu beiden symmetrisch; es ist derjenige, welcher in ihrem Berührungspunkte seinen Mittelpunkt findet. Suchen wir uns dieses Verhältniss graphisch zu veranschaulichen. Wählen wir hierzu fünf einer Geraden angehörige und in gleichen Abständen auftretende Punkte a, b, c, d, e. Legen wir um jeden dieser Punkte Kreise von solchen Dimensionen, dass diejenigen von a und von e einander eben berühren, so wird dieser Berührungspunkt c einer Linie angehören, welche das System unserer sämmtlichen Kreise symmetrisch in zwei Hälften zerlegt, wovon die eine dem Kreise a, die andere dem Kreise e angehört. Diese allein sind in sich homogen, alle andern Kreise setzen sich aus diesen beiden eigenthümlichen Bruchtheilen zusammen.

Wir haben hier das Bild der stenocephalie und der Eurycephalie. Die Individuellen Formen lassen sich alle durch
eine einfache Linie in zwei Hälften zer-
spalten, aber diese gehören nicht zu gleich-
seitigen Mittelpunkten. Nur die Zerstreuungskreise der äussersten Mittelpunkte
fallen auf dasselbe Gebiet, die andern
vertheilen sich auf beide Seiten der Grenz-
linie. Die Stenocephalie und die Eurycephalie begegnen sich in den Breite-
punkten 76 für die hintere, 71 für die
mittlere, und 60 für die vordere Frontal-

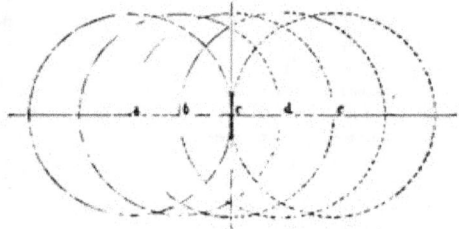

Fig. II.

ebene. Die erstere herrscht diesseits, die letztere jenseits dieser Marke; sie selbst ist neutral. Indem wir aber so trennen, müssen wir wohl unterscheiden zwischen dem Verhalten der einzelnen Individuen und demjenigen ihrer gemeinsamen Mittelpunkte. Jenes allein ist ein einfaches, dieses in der überwiegenden Mehrzahl der Fälle ein combinirtes, d. h. es ist nicht ein unmittelbar aus gleichen, sondern ein erst mittelbar aus der Resultante ungleicher Momente hervorgehendes. Setzen wir auf der einen Seite unserer Figur Stenocephalie, auf der andern Eurycephalie, so können wir jener die Punkte a und b, dieser die Punkte d und e antheilen. Anders dagegen verhält es sich mit den ihnen zugehörigen Kreisen; nur derjenige von a ist ganz stenocephal, derjenige von e ganz eurycephal; in dem Kreise von b herrscht zwar die Stenocephalie vor, aber die Eurycephalie ist durch einen Bruchtheil vertreten, während in d das Entgegengesetzte stattfindet, und in c beide sich das Gleichgewicht halten. Wir sehen also, dass an einen stenocephalen Mittelpunkt sehr oft eurycephale und an einen eurycephalen Mittelpunkt stenocephale Bildungen sich anschliessen. Die Continuität unserer Reihe lässt auch in der That gar kein anderes Verhältniss zu. Es erklärt diess die längstbekannte Thatsache, dass in ganz verschiedenen Gebieten und Völkern ähnliche Formen auftreten können, und dass es deshalb nicht schwer ist, aus ein und dem-selben Stamme, wie Henle es gethan, eine ganze Stufenleiter der Racenbildungen zu zimmern; immer-hin wird diess nur innerhalb gewisser Grenzen geschehen können, da kein einziger Zerstreuungskreis die ganze Reihe umfasst. Es bedarf wohl kaum des wiederholten Hinweises darauf, wie irrig eine Schlussfolgerung ausfallen kann, wenn sie auf einen einzelnen Schädel sich stützt, über dessen Stellung in dem betreffenden Zerstreuungskreise keine Erfahrung vorliegt. In wie fern die Ausdehnung dieser Kreise für die Beurtheilung der menschlichen Schädelform überhaupt von Bedeutung ist, wollen wir einer spätern Gelegenheit zur Besprechung überlassen. Es liefern die von uns gemachten Angaben den Beweis, dass die Behauptung von Weber, es gebe im Schädel nicht Ein Merkmal, das nicht allen Racen zukäme, und es gingen alle sogenannten Racenformen nur aus einer verschiedenartigen Mischung der gleichen überall vorhandenen Urformen hervor, keineswegs richtig ist.

*) J. Weber, Die Lehre von den Ur- und Racenformen der Schädel und Becken des Menschen. Düsseldorf. 1830.

Wir wissen bereits, dass bei geringer Entwicklung der Breite die Höhe überwiegt und dass die letztere mit dem Wachsthum von jener immer mehr zurücksinkt. Was bei der Horizontalebene zur Annahme eines Lang- und Kurzkopfes führte, veranlasste hier die Aufstellung eines Hochkopfes und Flachkopfes. Noch in neuerer Zeit ist diese Lehre wieder von Welcker[1] aufgegriffen worden, nachdem sie schon früher in Zeune[†] einen Vertreter gefunden hatte. Dem gegenüber muss aber wieder darauf hingewiesen werden, dass nicht die Höhe steigt oder fällt, sondern die Breite, und dass jene nicht absolut, sondern nur relativ eine andere wird. Der Hochschädel ist nichts anders, als ein Schmalschädel, der Flachschädel nichts anders als ein Breitschädel; es fallen demnach diese Begriffe wesentlich mit denen des Langschädels und des Kurzschädels zusammen, ohne jedoch aus gleich zu besprechenden Gründen sie vollständig zu decken.

Welcker sucht auch theoretisch die Nothwendigkeit der grössern Höhe der sogenannten dolichocephalen und der geringern Höhe der brachycephalen Schädel nachzuweisen, indem er (a. a. O. p. 155) sagt: „Die Schädelform bei Dolichocephalie verhält sich genau so, als wenn ein ovaler, die Mittelform darstellender Guttapercha Schädel durch Seitendruck lang und schmal gemacht worden wäre, in welchem Falle ein Uebergewicht des Höhendurchmessers über die Breite ganz von selbst erfolgt. Denken wir dagegen, dass das ursprüngliche Modell durch einen Druck auf Stirn und Hinterhaupt verkürzt würde, so würde mit der Breite desselben allerdings auch die Höhe wachsen, zu einem Uebergewichte der Höhe aber unseren Voraussetzungen nach kein Grund gegeben sein." Dem gegenüber ist zu bemerken, dass das hier gebrauchte Bild allerdings benutzt werden kann, um die Hauptform in ihrem Verhalten zu charakterisiren, dass aber biblische Entwicklungsgeschichte keineswegs der wirklichen entspricht. Der dolichocephale Schädel ist eben nicht das Product eines mechanischen Seitendrucks, der brachycephale nicht dasjenige eines derartigen Längsdruckes, sondern beide gehen, wie wir später besprechen werden, ganz spontan aus innern Wachsthumsverhältnissen hervor; bei dem Guttaperchaschädel richtet sich der Raum nach der gegebenen Masse, bei dem natürlichen dagegen die Masse nach dem gegebenen Raume. Unsere Zahlen widersprechen auch geradezu der Welcker'schen Schlussfolgerung.

Die Grundform des Schädels beruht, wie wir nachgewiesen haben, auf verschiedener Breitenentwicklung. Der hierdurch bedingte Charakter kann nun aber durch verschiedene Momente für das Auge getrübt, ja sogar oberflächlich ganz verwischt werden und so zu ganz unrichtiger Beurtheilung führen. Bereits früher haben wir aufmerksam gemacht auf die beträchtlichen Schwankungen, denen das Hinterhaupt innerhalb ein- und derselben Race bei den einzelnen Individuen unterworfen ist. Diese Schwankungen nun sind es, welche die wahre Langköpfigkeit und Kurzköpfigkeit bedingen, freilich in ganz anderem Sinne, als diess von Retzius und vielen seiner Nachfolger verstanden wird. Hier handelt es sich um die absolute Länge und nicht um ihre Entfaltung im Verhältniss zur Breite. Bei der letztern Auffassung sollte jedes stark entwickelte Hinterhaupt zur Dolichocephalie, jedes wenig ausgebildete zur Brachycephalie führen; aber wir wissen bereits, dass nicht jede Kürze des Hinterhauptes den Eindruck des Längsdurchmessers schwächt und auch nicht jede Länge denselben verstärkt. Jene kann durch Schmalheit, diese durch Breite des Kopfes so vollkommen compensirt werden, dass, wie wir schon früher gezeigt haben, gerade der kurzköpfige Schädel gestreckt (dolichocephal), der langköpfige dagegen gedrungen (brachycephal) erscheint. Ebenso muss auch dieselbe Breite zu einer ganz verschiedenartigen Beurtheilung führen, je nachdem sie mit einem starken oder schwachen Hinterhaupte sich verbindet. Welcker hat sich durch diesen Umstand, wie bereits besprochen wurde, zu der irrigen Annahme einer geringern Breitenentwicklung des weiblichen Schädels gegenüber den männlichen verleiten lassen. Auf dieselbe Weise erklärt sich auch ohne Schwierigkeit das Vorkommen sogenannter dolicho- und brachycephaler Formen innerhalb ein und desselben Stammes, und sicher viel ungezwungener, als

---

[1] Archiv f. Anthropologie. 1866. p. 168 ff.
[†] Zeune, Ueber Schädelbildung zur festern Begründung der Menschenracen. Berlin. 1846

wenn aus dieser Mischung der Köpfe auch sofort eine Mischung der Racen abgeleitet wird; denn thut man das letztere, so giebt es sicherlich auf der ganzen weiten Welt nicht eine einzige ungemischte Race. Offenbar ist diess nicht eine Auffassung, welche den Thatsachen angepasst ist, sondern eine Theorie, die alle Thatsachen nach vorgefassten Meinungen erklärt. Die Berücksichtigung der Breite führt zu ganz andern Ergebnissen. Auch Welcker[1] ist in der neuesten Zeit zur Ueberzeugung gekommen, dass einzelne zu ein und derselben ethnologischen Hauptgruppe gehörige Glieder in Bezug auf Brachycephalie und Dolichocephalie weit mehr aus einander liegen können, als in Beziehung auf das zwischen Höhe und Breite bestehende Wechselverhältniss. In unserer Beweisführung liegt zugleich die Erklärung dieser Thatsache, die nichts anderes besagt, als was wir schon längst ausgesprochen haben, dass nicht die Länge, sondern die Breite des Schädels als typisches Maass zu betrachten sei. Wir müssen also wohl unterscheiden zwischen der wahren und der falschen, zwischen der wirklichen und der nur scheinbaren Langköpfigkeit und Kurzköpfigkeit. Das Uebersehen dieser Verschiedenheit führt zu der bunten Zusammensetzung, wie sie den Völkergruppen von Retzius eigen ist. Da stellt sich der Schwede unmittelbar neben den Neger; das Verhältniss der Länge und Breite ist bei beiden dasselbe, aber die Bedeutung dieser Grössen ist eine ganz andere. Der Neger ist dolichocephal trotz geringer Hinterhauptslänge wegen allgemeiner Schmalheit des Kopfes, der Schwede trotz bedeutender allgemeiner Breite wegen ungewöhnlicher Länge des Hinterhaupts; jener ist deshalb ein kurzer Schmalkopf, dieser dagegen ein langer Breitkopf; beide sind also so verschieden, als nur immer möglich. Denselben Irrthum begeht Retzius[2] bei der Parallelisirung der Guanchen und der Guaranis, welche äusserlich ebenso ähnlich, innerlich ebenso unähnlich sind als Neger und Schwede. Auch C. Vogt[3] hält Dolichocephalie und Schmalheit des Schädels für identisch. Die bei Hohberg ausgegrabenen Köpfe, welche er von den christlichen Missionären des 5. Jahrhunderts ableitet, erklärt er ihrer gestreckten Form wegen für die affenähnlichsten, und doch sind sie keineswegs schmäler als noch viele andere und nur das ungewöhnlich lange Hinterhaupt lässt, wie beim Schweden und Guanchen, ihren eigentlichen Charakter äusserlich verwischt werden. In den bisher citirten Beispielen, welche sich noch vermehren liessen, werden breite Schädel mit schmalen verwechselt; es kann aber das Entgegengesetzte eintreten, dann nämlich, wenn grosse Schmalheit durch ungewöhnliche Kürze des Hinterhauptes verdeckt wird. So beschreibt v. Baer[4] einen Schädel von der bei Neu-Guinea liegenden Insel Gilolo, der durch auffällige Brachycephalie von den dolichocephalen Verwandten absticht. Er führt diess auf ungewöhnliche Breite zurück, und eine solche wäre in jenen Gegenden allerdings eine höchst auffällige Erscheinung. Rechnet man aber den Schädel nach unsern Principien um, so ist er nicht nur nicht breiter, sondern sogar etwas schmäler, als der seiner Verwandten; die ganze Täuschung beruht nur auf einer starken Verkürzung des Hinterhauptes, wie sie in der Südsee nicht allzuselten vorzukommen scheint.

Man hat bei der Aufstellung von Dolichocephalie und Brachycephalie vergessen, dass das Wechselverhältniss zwischen Länge und Breite in doppelter Weise abzuändern vermag und man hat sich deshalb durch die äussere Aehnlichkeit verleiten lassen, Formen zusammenzustellen, die nichts mit einander zu thun haben. Die wahre Länge und Kürze des Kopfes wird nur bestimmt durch die Entwicklung des Hinterhauptes. Hiernach können wir jede unserer beiden Hauptabtheilungen in zwei Gruppen zerfallen, in eine mit kurzem und eine mit langem Hinterhaupte, deren Continuität wir aber zum voraus betonen. Der Indifferenzpunkt für die Entwicklung des Hinterhauptes liegt bei 67,5 % der Grundlinie. Was kleiner ist, mag demnach kurz, was grösser ist, lang genannt werden. Im übrigen herrscht auch hier das bereits erörterte Gesetz der Zerstreuungskreise. Nur die äussersten derselben fallen aus einander, die übrigen decken sich mehr oder weniger und es muss scharf unterschieden werden zwischen

[1] Archiv f. Anthropologie. 1866. p. 156.
[2] Archiv f. Anat. und Phys. von J. Müller 1858. p. 133.
[3] Vorlesungen über den Menschen. Giessen 1863. II. p. 166.
[4] Crania selecta. Petropoli 1859. p. 15.

dem Verhalten des einzelnen Individuums und demjenigen der Mittelform. In die beiden Hauptgruppen und ihre Unterabtheilungen, lassen sich die untersuchten Völker folgendermaassen einreihen.

I. Schmalköpfe (Gentes stenocephalae).

a. Hinterhaupt kurz.

		Länge d. Hinterhauptes
Einwohner v. Tonga.	55.	51—57.
Congoneger . . .	57.	52—66.
Mozambiqueneger .	59.	54—65.
Angolaneger . . .	60.	56—68.
Neu-Holländer .	62.	56—69.
Chinese	63.	55—75.
Makassare . . .	63.	58—70.
Mahratte . . .	64.	62—67.
Kaffer	64.	51 73.
Nukahiver . . .	64.	55—69.
Buggise	64.	57—69.
Paraguaraner . . .	64.	61—69.
Aegyptische Mumie.	65.	52—76.
Nicobare . . .	65.	54—77.
Malabare . . .	67.	60—75.
Hindu	67.	56—84.
Grönländer . .	67.	56—79.
Knochenhöhlen Brasiliens . .	67.	61—70.

b. Hinterhaupt lang

Neger aus Sudan .	68.	64 75.
Düne	70.	54—67.
Hottentotte. . .	70.	66—72.
Buschmann . .	72.	63—84.
Zigeuner . . .	73.	72—75.

II. Breitköpfe (Gentes eurycephalae.)

a. Hinterhaupt kurz.

		Länge d. Hinterhauptes
Sandwichinsulaner .	51.	48—53.
Javanese . . .	58.	48—70.
Balinese . . .	59.	48—70.
Sundainsulaner . .	62.	51—68.
Buracte . . .	64.	52—70.
Türke . . .	64.	49—72.
Russe	65.	56—86.
Kosak . . .	66.	60—73.
Tartar . . .	66.	59—76.
Caraibe . . .	67.	56—76.
Sitkakane . . .	67.	56—78.

b. Hinterhaupt lang

Puri	69.	62—74.
Etrusker . . .	69.	61—80.
Grieche	70.	60—84.
Graubündner . .	70.	65—76.
Botocude . . .	71.	56—79.
Finnländer . .	71.	56—92.
Baschkire . . .	71.	66—75.
Lappe	72.	65—76.
Calmücke . . .	73.	64—78.
Tunguse . . .	75.	56—94.
Jude	75.	62—92.
Indiancr von N.A. .	76.	73—82.
Holländer . .	80.	71—87.
Guanche . . .	82.	63—92.
Schwede . . .	83.	79—89.

Es ergiebt sich aus dieser Tabelle, dass die Entwicklung des Hinterhauptes, abgesehen davon, dass sie für die stenocephale und eurycephale Gruppe in zwei parallel aufsteigenden Reihen verläuft und mithin ohne typische Bedeutung ist, nicht unmittelbar mit der Breite zusammenhängt. Im Ganzen lässt sich aber doch eine gewisse Beziehung nicht verkennen. Ist es schon kaum zufällig, dass mit der Schmalköpfigkeit vorzugsweise Kurzköpfigkeit, mit der Breitköpfigkeit vorzugsweise Langköpfigkeit sich vereint, so wird man in dieser Ansicht noch dadurch bestärkt, dass die grösste Länge des Hinterhauptes im Geleite der grössten Breite auftritt (Holländer, Guanche, Schwede). Es macht gewiss einen überraschenden Eindruck, zu sehen, wie wenig die Thatsachen den bisherigen Anschauungen entsprechen. Gerade die Köpfe sind die kürzesten, die man bisher für die längsten gehalten hat. Nur für die Endglieder der langen Breitköpfe findet der Ausspruch von Retzius Anwendung, dass die Langköpfigkeit auf dem Uebergewicht des Hinterhauptes beruht, und vielleicht war es gerade die schwedische Nationalität, die seinem Systeme verderblich wurde. Die Aehnlichkeit der äussern Erscheinung verleitete ihn, das am Schwedenschädel Gefundene auf alle gestreckten Formen zu übertragen. Er übersah deshalb, dass bei seinen ausgezeichneten Langköpfen, wie z. B. den Negern, gerade das Gegentheil eintritt, indem sie sich fast alle durch Schwäche des Hinterhauptes gleich den Genossen ihrer Gruppe auszeichnen. Die ältere, wie es scheint, später so ziemlich in Vergessenheit gerathene oder angezweifelte Beobachtung, dass beim Neger das foramen magnum weiter hinten liege, als beim Europäer, hat demnach ihre wohlbegründete Basis, wenn auch in dieser Fassung der Satz nicht unbedingt richtig ist. Wie tief aber die Meinung Wurzel geschlagen hat, dass das Hinterhaupt des Negers verhältnissmässig länger sei, zeigt der Versuch, diese Eigenthümlichkeit aus mechanischen Verhältnissen zu erklären; es soll dadurch das in Folge des Prognathismus der Kiefer gestörte Gleichgewicht wieder hergestellt werden.[1] Abgesehen davon, dass das betreffende Verhältniss keiner Erklärung bedarf, weil es gar nicht existirt, ist die innere Wahrscheinlichkeit der gegebenen eine äusserst geringe. Nerven- oder Gehirnsubstanz ist ein viel zu wichtiges und kostbares Material, um den angeführten rein mechanischen Zwecken angepasst zu werden. Liesse sich der Nachweis liefern, dass Gehirnsubstanz in solcher Weise verwendet wird, so wäre es wahrlich Schade um die viele Mühe, die man sich gegeben hat, um zu erfahren, ob dieser oder jener Mensch einige Gramme Gehirn mehr besitzt als ein anderer.

Wir haben somit den gebräuchlichen Begriff der Dolicho- und Brachycephalie[2] in seine Componenten zerlegt und gefunden, dass sie in ihrer jetzigen Fassung ethnologisch sich keineswegs verwerthen lassen, weil sie die verschiedensten Dinge mit demselben Namen belegen, und deshalb geradezu nichtssagend sind. Das Verdienst von Retzius besteht also mehr darin, den uferlosen Strom eingedämmt, als ihn in sein richtiges Bett geleitet zu haben. Es tritt übrigens in dieser Angelegenheit wieder recht klar zu Tage, wie wunderlich oft der Entwicklungsgang einer Wissenschaft sein kann und wie sie häufig schon in ihren ersten Anfängen Keime der Erkenntniss enthält, die viel später erst zur Ausbildung gelangen. Die Verschiedenheit der Breite wurde schon von dem Begründer der Schädelforschung, Blumenbach,[3] in seiner Norma verticalis betont, von der er sagt, dass sie die schärfste Charakteristik der allgemeinen Schädelbildung enthalte. Er giebt die Schädel eines Georgiers, eines Tungusen und eines Negers von Guinea als Beispiele der drei auf diese Weise sich ergebenden Varietäten in der Form, welche er die kaukasische, mongolische und äthiopische nennt. Zu dem gleichen Resultate war auch Camper[4] gelangt. Wunderbare Laune des Schicksals, welche die bereits angebahnte richtige Erkenntniss so vollständig der Vergessenheit anheimfallen liess! Die Breitenentwicklung wurde später durch die Längenentwicklung verdrängt und wahrlich nicht zum Nutzen der Craniologie. Wie anders möchte es vielleicht um diese stehen, wenn solches nicht geschehen wäre.

Ich kann zum Schlusse nicht umhin, noch einen Augenblick bei dem Hinterhaupte zu verweilen. Eine starke Verkürzung desselben führt nämlich zu einer Kopfform, welche eine merkwürdige Aehnlichkeit mit derjenigen besitzt, die bei den alten Peruanern einer künstlichen Umbildung ihre Entstehung verdankt. Es darf deshalb wohl die Frage aufgeworfen werden, ob nicht wenigstens ein Theil der starken Abflachung, wie sie z. B. bei den Javanesen und manchen Südseeinsulanern sich zeigt, einer ähnlichen Ursache zuzuschreiben sei. Absichtliche Verbildungen kommen ja viel häufiger vor, als man früher glaubte; sicherlich spielen aber die unabsichtlichen, in der Trag- und Lagerungsweise der Kinder begründeten, eine grössere Rolle, als wir bis jetzt ahnen. Vielleicht liessen sich auch die starken verticalen Abflachungen, wie sie bei einzelnen asiatischen Völkern (Cahmücken, Tungusen) auftreten, auf ein ähnliches Verhältniss zurückführen. Absichtliche Abflachung ist Nationalsitte der Flatheads, doch sind auch andere von mir untersuchte Indianerschädel Nordamerikas auffällig flach. Wie dem auch sein mag, eine Aenderung

[1] Vogt, Vorlesungen über den Menschen. I. p. 170.
[2] Ich habe es vermieden, diese Ausdrücke auf unsere Lang- und Kurzköpfigkeit anzuwenden, einmal weil die deutschen Ausdrücke gerade so gut sind, wie die fremden und dann weil es schwer ist, mit Wörtern, die sich so tief eingebürgert haben, neue Begriffe zu verbinden; in deren Gebrauch wären Missverständnisse unvermeidlich.
[3] De generis humani varietate nativa. Göttingen 1795. p. 201.
[4] Prichard, Naturgeschichte des Menschengeschlechts. Bd. I. p. 330.

des Gesetzes, dass typisch die Höhe der Schädel die gleiche sei, wird durch diese doch nur vereinzelt auftretenden Fälle nicht bedingt. Typische Hochschädel und Flachschädel existiren nicht. Die von uns aufgestellten Hauptgruppen der Schädelformen sind nur durch die Verschiedenheit des Hirntheiles charakterisirt, der Gesichtstheil verhält sich nach dem früher Gesagten überall wesentlich gleich. Seine grössere Breite bei den schmalen Schädeln ist nur eine scheinbare, durch die geringe Breitenentwicklung des Hirntheiles vorgetäuschte. Der Prognathismus des Kieferknochens ist offenbar unabhängig von der Entwicklung des Hirnschädels; er tritt in allen vier Gruppen neben dem entschiedensten Orthognathismus auf. Nur in der Stellung des Kiefergelenkes scheint ein bestimmtes, individuell freilich vielfach gestörtes Verhältniss sich auszuprägen. Als Mittelzahlen berechnen sich wenigstens für den Abstand desselben vom Anfang der Basilarlinie für

kurze Schmalschädel 22.4.   kurze Breitschädel 21.5.
lange Schmalschädel 22.6.   lange Breitschädel 20.6.

In schmalen Schädeln liegt also im allgemeinen das Kiefergelenk und mit ihm das Ohr etwas weiter nach vorn, als in breiten. Die Länge des Hinterhauptes ist hierbei offenbar ohne Einfluss.

C. Absolute Grösse des Schädels.

Wie wichtig auch immer die Kenntniss der absoluten Form des Schädels ist, wie sehr sie auch die Grundlage jedes weitern Studiums abgiebt, sie genügt noch nicht zur vollständigen Verwerthung dieses wichtigen Körperabschnittes. Sie hebt nur das morphologische Moment hervor und lässt das physiologische ausser Acht. Dieses wird erst durch die Erforschung der wirklichen Grösse gegeben; für die Leistungsfähigkeit eines Organs kommt es nicht bloss darauf an, wie, sondern auch in welcher Masse die materielle Grundlage geordnet sei. Wir wollen hier nicht auf die Erörterung der Frage eintreten, in wie fern aus der Grösse des Gehirns eine Schlussfolgerung auf die Grösse seiner psychischen Leistungsfähigkeit gestattet sei. In welchem Verhältnisse beide zu einander stehen, ist trotz mancherlei Bemühungen zur Stunde noch vollständig unklar, zumal wir nicht einmal wissen, wie viel von der Gehirnsubstanz activ, wie viel aber nur passiv sich bethätigt. Immerhin hat die Frage schon an und für sich ein hohes Interesse. Man hat sie theils durch directe Wägung des Gehirnes, theils durch Aichung des Schädelraumes vermittelst flüssiger oder fester Stoffe zu lösen versucht und hier keineswegs immer übereinstimmende Resultate erzielt. Nur so viel schien sich im Allgemeinen zu ergeben, dass die Schädelcapacität nicht bei allen Völkerstämmen dieselbe sei. Unsere Methode gestattet nun, den Schädel cubisch darzustellen, ihn nach die Dimensionen der Höhe, der Länge, der Breite zu prüfen. Indem diese Grössen alle auf ein und dieselbe Grundlinie berechnet sind, lässt die absolute Grösse dieser letztern einen unmittelbaren Schluss auf jene zu. Freilich, um diese absoluten Grössen vollkommen verwerthen zu können, müssten wir sie mit der Grösse des ganzen Körpers vergleichen; wir müssen leider auf diesen Maassstab, der noch nicht so bald gewonnen sein wird, verzichten.

Die Formen des Schädels, wie wir sie kennen gelernt haben, müssen in Masse ihrer Capacität ausserordentlich verschieden sein. Der schmale und kurze Schädel wird unmöglich denselben Cubikinhalt besitzen können wie der breite und der lange; in dieser Beziehung stehen sich die kurzen Schmalköpfe und die langen Breitköpfe diametral gegenüber, während möglicherweise zwischen den langen Schmalköpfen und den kurzen Breitköpfen Gleichgewicht herrscht. Es entsteht nun die interessante Frage, ob vielleicht wenigstens eine theilweise Compensation des ungleichen Rauminhaltes verschiedener Formen durch ungleiche Grössenentwicklung der Grundlinie, also durch ungleiche absolute Ausdehnung eintritt, denn offenbar können wir dem weniger geräumigen Schmalschädel durch Steigerung aller Dimensionen den Innenraum eines auf kürzerer Basis erbauten Breitschädels geben. Indem wir aber so den Cubikinhalt gleich machen, müssen wir uns wohl hüten, die Schädel auch für durchaus gleichwerthig zu halten;

wir dürfen nicht vergessen, dass die Raumvertheilung des einen nicht der des andern entspricht. Das gleiche Gewicht zweier Gehirne beweist noch nichts für die Gleichheit ihrer Leistungen; denn gewiss ist für die letztere die Entwicklung der einzelnen Hirntheile von der höchsten Bedeutung, und es kann nicht gleichgültig sein, ob die grössere Masse den neben, hinter, oder übereinander gelegenen Theilen zu gut kommt. Nur die Kenntniss der Form des Schädelraumes wird uns demnach auch die richtige Verwerthung seiner Grösse gestatten. Stellen wir zunächst die absoluten Längen der Grundlinie in Millimetern zusammen, indem wir als Rangordnung der Schädel den Grad ihrer Breite benutzen.

Breite des Schädels.		Grundlinie.		Mittel.
65—69.	Neger von Congo . . .	96.	93—100.	93,4 (85—101).
	Neger von Angola . . .	93.	92—95.	
	Neger von Sudan . . .	91.	85—95.	
	Kaffer	96.	90—101.	
	Knochenhöhlen Brasiliens	91.	85—98.	
70—74.	Pacaguaraner	92.	89—95.	90,9 (84—105).
	Grönländer	95.	88—105.	
	Malabare	92.	66—95.	
	Neger von Mozambique .	94.	90—100.	
	Hottentotte	89.	86—92.	
	Neu-Holländer	91.	87—95.	
	Hindu	88.	84—96.	
	Einwohner von Tonga .	96.	92—100.	
	Nicobare	89.	84—97.	
	Buschmann	87.	84—92.	
75—79.	Nukahiver	87.	84—90.	89,5 (80—100).
	Buggise	91.	89—94.	
	Chinese	91.	86—100.	
	Zigeuner	85.	83—88.	
	Marassare	88.	83—96.	
	Mahratte	92.	86—97.	
	Aegyptische Mumie . .	91.	85—96.	
	Däne	90.	85—100.	
	Sandwichinsulaner . .	91.	86—97.	
	Bewohner der Sundainseln	90.	87—96.	
	Balinese	90.	86—93.	
	Sithakane	91.	87—93.	
	Javanese	89.	82—97.	
	Grieche	91.	89—95.	
	Botocude	88.	84—92.	
	Pari	91.	89—95.	
	Caraibe	84.	80—91.	
	Tartar	90.	83—95.	
	Indianer von Nordamerika	87.	82—92.	
	Kosak	88.	87—90.	

Breite des Schädels.		Grundlinie.	Mittel.
	Tunguse	91.	87—93.
	Holländer	88.	84—92.
	Finnländer	92.	80—98.
	Schwede	88.	86—89.
	Burjäte	91.	87 91.
	Russe	89.	83—99.
80—85	Baschkire	89.	85—93.
	Etrusker	87.	85—89.
	Türke	87.	81—91.
	Gauche	85.	80—90.
	Jude	86.	78—93.
	Graubündner	85.	84—87.
	Lappe	86.	81—92.
	Calmücke	90.	86—96.

(Mittel: 88,1 (78—99).)

So wenig auch die vorstehende Reihe in durchaus regelmässiger Weise sich abwickelt, so kann doch ein allgemeines Gesetz nicht verkannt werden. Die absolute Länge der Grundlinie steht in geradem Verhältnisse zu der relativen Breite des Schädels. Die schmalsten Schädel bauen sich über einer Grundlinie von 93,4, die breitesten über einer solchen von nur 88,1 Mm. auf, und es erfolgt also in der That eine Compensation der geringeren Geräumigkeit schmaler Schädelformen durch absolute grössere Entfaltung. Dasselbe Gesetz tritt unzweideutig zu Tage, wenn man die mittlere Grundlinie der vier Hauptgruppen der Schädelformen berechnet. Sie liefert folgende Werthe:

Kurze Schmalköpfe: 91,8 Mm.   Kurze Breitköpfe: 89,1 Mm.
Lange Schmalköpfe: 92,1 Mm.   Lange Breitköpfe: 88,1 Mm.

Hier hebt sich also in der That bei den beiden mittlern Gruppen der Gegensatz in der Verschiedenheit von Länge und Breite auf, während die beiden Endgruppen scharf von einander abstechen. Wie weit die Compensation reicht, lässt durch Rechnung sich kaum bestimmen; directe Wägung des Gehirnes und Messungen des Schädelraumes finden hier ihr Arbeitsfeld. Nach den bisherigen Erfahrungen scheint die Compensation keine vollständige zu sein. Besonders die kurzen Schmalköpfe stehen hinter den andern zurück.

Gegenüber diesem Resultate von allgemeiner Bedeutung bieten die einzelnen Glieder unserer Kette kein nennenswerthes Interesse, zumal eben, wie schon bemerkt, der wichtigste Maassstab für deren Beurtheilung fehlt. Die Grösse individueller Schwankung mag im Mittel etwa 10 Mm. betragen, doch steigt sie in einzelnen Fällen bedeutend höher (beim Grönländer z. B. auf 17 Mm.).

Ich legte mir die Frage vor, ob vielleicht ähnliche compensatorische Wirkungen wie hier auch bei den Individuen desselben Stammes eintreten, welche beträchtliche Längendifferenzen des Kopfes darbieten. Wenn nicht immer, so scheint doch in manchen Fällen wirklich etwas ähnliches stattzufinden, wie einzelne Beispiele erhärten mögen, wenn die Länge des Hinterhauptes in Procenten der Grundlinie ausgedrückt wird.

Finnländer.		Kaffer.		Russe.	
Hinterhaupt.	Grundlinie.	Hinterhaupt.	Grundlinie.	Hinterhaupt.	Grundlinie.
56	98 Mm.	51	98 Mm.	53	99 Mm.
61	96 ·	54	100 ·	56	92 ·
67	92 ·	54	101 ·	59	95 ·
66	91 ·	68	95 ·	59	90 ·

Finnländer.		Kaffer.		Russe.	
Hinterhaupt.	Grundlinie.	Hinterhaupt.	Grundlinie.	Hinterhaupt.	Grundlinie.
69	92 Mm.	68	95 Mm.	61	91 Mm.
71	94 -	73	90 -	64	90 -
78	67 -	73	93 -	64	84 -
78	86 -			71	89 -
92	89 -			73	83 -
				77	86 -
				86	86 -

Dass auch hier individuelle Verhältnisse den regelmässigen Gang unterbrechen, lässt sich von vorn herein vermuthen und wird auch durch die Reihe des Russen bewiesen.

Um Missverständnisse zu verhüten, bemerke ich ausdrücklich, dass die verschiedenen Werthe des Hinterhauptes nicht etwa in der Reduction der absoluten Grösse auf ungleich lange Grundlinien, vielmehr in jener selbst ihren Grund finden. Wäre ersteres der Fall, so müssten ja alle übrigen Dimensionen sich analog verhalten. Reducirt bieten sie aber überall dieselben Werthe; es folgt ihre Entwicklung derjenigen der Grundlinie. Es beweist diess, dass der positive und negative Ausfall an Raum, der durch die Verkümmerung oder Vergrösserung des einen Schädelabschnittes veranlasst wird, durch das entgegengesetzte Verhalten der übrigen Abschnitte gedeckt wird. Es existirt mithin die Tendenz, eine gewisse Constanz des Schädelraumes mit wechselnden Formen zu verbinden.

D. Schädelform des Kindes.

Nicht geringes Interesse bietet in mehrfacher Hinsicht die Prüfung der Frage, ob die von uns nachgewiesenen Verschiedenheiten in der Schädelform allen Entwicklungsperioden eigen sind, oder ob sie nur innerhalb gewisser Altersgrenzen auftreten. Selbstverständlich kann hier nicht an die Möglichkeit einer wesentlichen Umänderung in spätern Lebensjahren gedacht werden, dazu ist das Knochengerüste nach Beendigung seines Wachsthums viel zu steif und starr, wohl aber ist es möglich, dass die erste Anlage der spätern Form nicht entspreche. Die positiven Erfahrungen, die man in dieser Richtung gemacht hat, sind ausserordentlich spärlich und nicht einmal recht verwerthbar, da sie meines Wissens sämmtlich auf dem blossen Augenschein und nicht auf der einzig sichern Messung fussen. Einzelne der gemachten Angaben scheinen sich auch nicht unmittelbar auf den Schädel, sondern auf den ganzen Kopf zu beziehen; in diesem Falle ist es aber unmöglich zu entscheiden, wie viel von dem Eindrucke auf Rechnung der knöchernen Grundlage zu setzen ist. So behauptet Sömmering,[1] dass die Gestalt des afrikanischen Craniums schon beim Fötus in der Mitte der Schwangerschaft erkannt werden kann, und ähnlich urtheilt auch Camper.[2] Von den eigenthümlich geformten Peruanerschädeln sagt Gosse,[3] dass ihre typische Bildung nicht bloss bei ganz jungen Kindern, sondern auch beim Fötus hervortrete. Am bestimmtesten äussert sich Blumenbach,[4] der in seinen Decaden drei kindliche Schädel, eines Juden, eines Buraeten und eines Negers, abbildet, um zu beweisen, dass die Racenverschiedenheiten des Menschen schon dem zarten Alter angehören. Anderer Ansicht jedoch ist Pruner-Bey,[5] der das Negerkind mit einer Gesammtheit von Zügen geboren werden lässt, die wohl für die Weichtheile charakteristisch ist, aber im

[1] Nach Prichard, Naturgeschichte des Menschengeschlechts. Bd. 1. p. 321.
[2] Dissertation sur les variétés naturelles qui caractérisent la physionomie des hommes des divers climats et des différens ages. A Paris 1791. p. 21.
[3] Mémoires de la société d'anthropologie de Paris 1. p. 153.
[4] Decas tertia collect. suae craniorum. p. 14. Trigam hanc craniorum bis subjungere operae pretium duxi quod luculenter demonstret, characteres gentilios, quibus varietates diversissimae generis humani ab invicem differant, jam Infantili aetate conspicuos esse.
[5] Nach C. Vogt, Vorlesungen über den Menschen, 1863. Bd. 1. p. 218.

Schädel sich noch kaum ausspricht. Der Neger, der Hottentotte, der Australier, der Neucaledonier sollen, wenigstens was das Knochensystem betrifft, noch nicht die Unterschiede zeigen, die später hervortreten. Ich muss es dahin gestellt sein lassen, in wiefern diese Angaben auf genauen Untersuchungen begründet sind.

Der Besitz kindlicher Racenschädel ist nicht gerade ein Glanzpunkt der Sammlungen; es waren denn auch in der That nur zwei Negerschädel, auf die ich stosse, wovon der eine wahrscheinlich der von Blumenbach abgebildete einem Neugeborenen, der andre einem vielleicht 2—3jährigen Individuum angehörte. Trotz der Spärlichkeit dieses Materiales war es doch immerhin ein solches, das am ehesten geeignet war, die aufgeworfene Frage zu prüfen, da bei der extremen Stellung des erwachsenen Negerschädels die kindliche Form scharfe und unzweideutige Ergebnisse in der einen oder andern Richtung hoffen liess.

Ohne hier auf die Eigenthümlichkeiten des kindlichen Schädels überhaupt einzugehen, erinnere ich nur daran, dass in ihm der Gehirntheil verhältnismässig viel stärker ist, als im erwachsenen. Da ausserdem sein Uebergewicht vorzugsweise in das Schädeldach fällt, so müssen auch seine auf unsere Grundlinie reducirten Durchmesser grössere Werthe ergeben. Wir haben bereits den Nachweis geliefert, dass im Erwachsenen der Schädel des Negers durch geringere Breitenentwicklung von demjenigen des Europäers sich unterscheidet, während die übrigen Dimensionen wesentlich dieselben sind. Vergleichen wir nun die kindlichen Formen unter einander, so ergiebt sich die auffällige Thatsache, dass sie auch nicht im geringsten von einander abweichen, und dass in ihnen mit der Gleichheit der Medianebene auch die Gleichheit der Frontalebenen sich verbindet. Stellen wir zunächst, um eine klare Anschauung zu gewinnen, die wichtigsten Zahlen zusammen, indem wir für den Erwachsenen Zahlen wählen, die als ungefähres Mittel unsrer Beobachtungen betrachtet werden können:

	Abs. Länge d. Grundlinie in Mm.	Länge d. Hinterhauptes	Höhe des Hirnschädels	Breite der F. p.		Breite der F. m.		Breite der F. a.	
				IV.	l. l.	p.	IV.	IV.	l.
Europäer, erwachsen .	100.	65.	145.	64.	80.	42.	76.	60.	65.
Neger, erwachsen .	90.	65.	145.	59.	71.	37.	66.	60.	57.
Europäer, Kind . .	66.	87.	151.	58.	89.	41.	86.	56.	74.
Neger, Kind	67.	81.	151.	64.	87.	45.	84.	64.	73.
Europäer, neugeboren .	50.	74.	152.	59.	86.	43.	84.	63.	74.
Neger, neugeboren .	50.	80.	161.	60.	96.	47.	94.	65.	80.

Wir sehen hierin den bereits ausgesprochenen Satz auf das unzweideutigste bestätigt. Im ganzen stimmen die Zahlen so gut mit einander überein, als dies bei einzelnen Beobachtungen überhaupt zu erwarten ist. Die Unterschiede in den Zahlen der dritten Gruppe haben offenbar nur eine individuelle Bedeutung; im übrigen unterstützen sie unsere Behauptung a fortiori, indem der Neger dem Europäer nicht nur gleich kommt, sondern ihm sogar den Rang abläuft, so sehr ist namentlich in der Breitenentwicklung das typische Verhalten der Erwachsenen verwischt. Der Racenunterschied macht sich im Kinde wenigstens bis zu dem genannten Alter nicht geltend; er ist erst das Product einer secundären Umänderung einer gemeinsamen Grundform. Ich kann nicht glauben, dass diese Erscheinung eine nur zufällige sei, da die Kluft zwischen den beiden fraglichen Racen eine allzu bedeutende und regelmässige, und im Erwachsenen ein Verhalten wie das obige geradezu undenkbar ist. Ebensowenig darf sie auf Rechnung des Eintrocknens der Schädel gesetzt werden; denn abgesehen davon, dass die daraus entstehenden Fehler auf beiden Seiten gleich gross sein müssten, würden sie in keinem Falle zu einer so vollständigen Ausgleichung des etwa vorhandenen Unterschieds hinreichen. Es fragt sich deshalb vor allem, wie wohl die spätere Differenzirung der anfänglich gleichen Gebilde eintritt. Der Grund kann nirgends anders als darin liegen, dass der Gang des Wachsthums nicht in beiden Fällen gleichen Schritt hält. In der Medianebene wird der Entwicklungsprocess derselbe sein, da in ihrem Bereiche eine Aenderung der relativen Verhältnisse sich nicht ausbildet, in der Querrichtung dagegen muss in dem einen ein stärkeres Wachsthum erfolgen als in dem andern. Der Neger bleibt zurück und entfernt sich dadurch mehr und mehr von dem frühern Genossen. Wann dieser Zeitpunkt eintritt, vermag ich nicht anzugeben, und ich weiss auch nicht, ob eine Bemerkung von Pruner-Bey (a. a. O. p. 239) in diesem Sinne darf gedeutet werden. Er leugnet, wie wir wissen, die Racenverschiedenheiten der Kinder und lässt die auszeichnenden Charaktere des Schädels erst nach beendetem ersten Zahnen deutlich sich ausprägen, besonders aber betont er die wichtige Umwälzung der Formen und Verhältnisse des Skelettes, die in der Epoche der Mannbarkeit zwischen dem zehnten und dreizehnten Jahre das Mädchen, dem dreizehnten und fünfzehnten Jahre den Knaben erfasst. Zur Beurtheilung der ganzen Umwandlung ist es am besten, wenn wir einen Maassstab dafür zu gewinnen suchen, wie viel für einen jeden Durchmesser die Zunahme seiner Grösse innerhalb einer gegebenen Zeit beträgt, indem sich daraus ohne Weiteres die Beziehung der einzelnen Wachsthumsgrössen zu einander ergeben muss. Es wäre am besten, hierbei die ganze Summe der Veränderungen in Betracht zu ziehen, welche von der Geburt an den Schädel seiner Vollendung entgegenführen, aber es ändert sich, wie die mitgetheilten Zahlen lehren, und wie auch aus den Untersuchungen von Welcker hervorgeht, in den hier maassgebenden Verhältnissen innerhalb der ersten Jahre so wenig, dass die Verschmelzung mehrerer Stufen weitaus geringere Gefahr bringt, als die individuelle Gestaltung des einzelnen Falles. Wir wählen deshalb als Ausgangspunkt die auf Tab. 52 und 53 zusammengestellten Mittelzahlen, in denen wo möglich noch klarer als in den einzelnen Fällen die Gleichheit von Neger und Europäerk'nd sich ausspricht. Setzen wir vor allem an Stelle der reducirten Werthe die absoluten in Millimetern, so erhalten wir:

	Länge der Grund-linie	Länge des Hinter-hauptes	Höhe des Hirn-schädels	Breite der F. p.		Breite der F. m.		Breite der F. a.	
				IV.	L.	p.	IV.	IV.	L.
Europäer, erwachsen	90.	58,5.	130,5.	58.	72.	38.	68.	54.	58,5.
Neger, erwachsen	90.	58,5.	130,5.	53.	64.	33.	59,5.	54.	51.
Differenz für den Neger	0	0	0	—5.	—8.	—5.	—5,5.	0	—7,5.
Europäer, Kind	60.	52.	94.	36.	53.	24.	52.	35.	45.
Neger, Kind	60.	49.	94.	37.	55.	27.	53.	39.	46.
Differenz für den Neger	0	—3.	0	+1.	+2.	+3.	+1.	+4.	+1.

Also nicht bloss in der relativen, sondern auch in der absoluten Schädelform steht der junge Neger dem neugebornen Europäer nicht nach; erst im Erwachsenen werden alle seine Querdurchmesser herabgedrückt. Die Grösse des absoluten Wachsthums ist für die einzelnen Durchmesser in unserm Falle folgende:

	Länge der Grund-linie.	Länge des Hinter-hauptes.	Höhe des Hirn-schädels.	Breite der F. p.		Breite der F. m.		Breite der F. a.	
				IV.	L.	p.	IV.	IV.	L.
Europäer	30.	6,5.	36,5.	22.	19.	14.	16.	19.	13,5.
Neger	30.	9,5.	36,5.	16.	9.	6.	6,5.	16.	5.

Der Neger ist nur im Nachtheile, freilich dann auch in der entschiedensten Weise, wo es sich um den Querdurchmesser handelt. Sehr anschaulich wird dieses, wenn man für die Grösse des Wachsthums durch Division der Werthe des Kindes in diejenigen des Erwachsenen einen Coefficienten bildet. Es ergiebt sich dann:

	Länge der Grund-linie.	Länge des Hinter-hauptes.	Höhe des Hirn-schädels.	Breite der F. p.		Breite der F. m.		Breite der F. a.	
				IV.	L.	p.	IV.	IV.	L.
Europäer	1,50.	1,12.	1,39.	1,61.	1,36.	1,58.	1,31.	1,55.	1,30.
Neger	1,50.	1,19.	1,39.	1,43.	1,16.	1,21.	1,12.	1,42.	1,11.

Es ist diese Zusammenstellung in mehrfacher Hinsicht lehrreich. Vorerst giebt sie einen mathematischen Ausdruck für die Thatsache, dass die Form der Schädelkapsel mit zunehmendem Alter eine andere wird. Die Energie des Wachsthums ist nicht überall dieselbe. Ihr Hauptgewicht fällt in die Basis und lässt diese mehr und mehr gegenüber dem anfänglich übermächtigen Gewölbe zur Geltung kommen. So beträgt bei dem Europäer für jene der mittlere Wachsthumscoefficient 1,56, für dieses dagegen bloss 1,30. Sowohl der Längen-, als auch der Querdurchmesser des letztern nimmt langsamer zu als die entsprechenden Dimensionen der Basis; die kuglige Gestalt des Kinderschädels geht dadurch allmälig verloren, und namentlich flacht sich die Wölbung des Hinterhauptes und der Schläfenflächen ab. Es übertrifft nach unsern Zahlen der Höhencoefficient (1,39) denjenigen der Breite (1,32 im Mittel), doch scheinen hierin Verschiedenheiten vorzukommen. Bestimme ich nämlich beide aus den von Welcker für den wachsenden Schädel aufgestellten Tabellen, so ist der letztere (1,60) nicht nur nicht kleiner, sondern sogar noch etwas grösser als der erstere (1,58), wenn wir zur Berechnung den Neugebornen und den Erwachsenen nehmen.

Das Grundgesetz des stärkern Wachsthums der Basis tritt auch beim Neger in Kraft, nur macht sich in ihm auch ein Gegensatz des Querdurchmessers zu dem Längen- und Höhendurchmesser geltend. Diese verhalten sich wie beim Europäer, jener dagegen muss mit weit geringern Werthen sich begnügen, besonders in dem Dache, wo er gegenüber dem Wachsthumscoefficienten des Europäers von 1,32 nur einen solchen von 1,13 besitzt. Es liegt hierin der Nachweis, dass die Spaltung der einfachen Grundform des kindlichen Schädels in die typischen des erwachsenen Europäers und Negers einzig und allein in dem geringern Breitenwachsthum des letztern begründet ist. Gilt solches aber für Neger und Europäer, so gilt es ohne Widerrede auch für alle übrigen Racen. Weitere Forschungen müssen diesen Sätzen noch eine breitere Grundlage verschaffen. Sollte es sich aber wirklich erwahren, und ich habe keinen Grund daran zu zweifeln, dass alle die verschiedenen Formen des Menschenschädels nur Abzweigungen ein und desselben Stammes sind, so wäre diess in mehrfacher Hinsicht eine Erkenntniss von nicht geringer Tragweite. Je nachdem das Wachsthum des kindlichen Schädels ein nach allen Seiten gleichmässiges oder aber ein in gewissen Richtungen eingeschränktes ist, führt es zur Eurycephalie oder zur Stenocephalie mit ihren unzähligen Bindegliedern. Jene wäre demnach die primäre, diese nur die secundäre Form. Pruner Bey (a. a. O.) hat vollständig Recht, wenn er sagt, dass die Racenverschiedenheit nicht durch eine förmliche Hemmung in der Entwicklung, sondern durch ein verschiedenes Maass im Wachsthum der einzelnen Theile sich zeichne. Welche Bedeutung einem solchen beizulegen ist, wird passender an einer spätern Stelle besprochen werden.

Die Gleichheit der Racenschädel im jugendlichen Zustande führt noch zu einer weitern, nicht unwichtigen Erörterung. Ist sie die Folge einer verhältnissmässig grössern Schmalheit des Europäers, oder einer grössern Breite des Negerschädels? Beide Annahmen sind offenbar mit dem stärkern Breitenwachsthum des Europäers gleich verträglich. Wir müssen uns vorerst daran erinnern, dass die Grössenentwicklung eines jeden Schädeldurchmessers eine relative, durch das Verhalten aller übrigen bedingte, ist. Zur Lösung der aufgeworfenen Frage bedarf es deshalb nur einer Vergleichung der verschiedenen Wachsthumscoefficienten unter einander, um sofort zu erfahren, welcher der beiden Breitencoefficienten Besonderheiten darbietet. Wir wissen bereits, dass derjenige des Europäers nahezu mit den übrigen stimmt, während er beim Neger hinter ihnen zurückbleibt. Daraus ergiebt sich, dass der erwachsene Negerschädel verhältnissmässig schmaler ist, als der kindliche. Wäre umgekehrt beim Europäer der kindliche Schädel schmaler, als der erwachsene, so müsste der Breitencoefficient den übrigen vorangehen, was keineswegs der Fall ist. Besonders anschaulich tritt diess noch hervor, wenn wir die Breite mit der Höhe vergleichen, deren Werth in beiden Racen jederzeit der gleiche ist. Setzen wir diesen gleich 100, so erhalten wir für die Gesammtbreite:

	Kind.	Erwachsener.
Europäer	118.	110.
Neger	122.	98.

Mithin ist der erwachsene Negerschädel höher als breit, der kindliche breiter als hoch. Im Europäer ist stets das letztere der Fall, und zwar so, dass das Verhältniss der Höhe zur Breite in der Jugend und im Alter genau das gleiche ist. Die oben gefundene Differenz ist nur eine individuelle, wie aus der Vergleichung mit den Erfahrungen von Welcker hervorgeht. Nach denselben Grundsätzen berechnet, beträgt nemlich nach ihm die Breite beim Neugebornen 107, beim Manne 108, beim Weibe ebenfalls 108.

Wir dürfen hier eine Angabe von Welcker nicht mit Stillschweigen übergehen, weil sie nicht ganz im Einklange steht mit dem eben Gesagten. Er behauptet nemlich,[1] dass der höchste Grad der relativen Schmalheit mit der Zeit der Fruchtreife zusammenfalle. Der Vortheil, der hieraus für die Geburt entspringen soll, würde jedenfalls nur den eurycephalen, nicht aber den stenocephalen Racen zu Gute kommen, da, wie wir nachgewiesen haben, der Kopf der letztern zur Zeit der Geburt relativ nicht nur nicht schmäler, sondern ansehnlich breiter als später ist. Welcker nimmt zur Grundlage der Berechnung den Längsdurchmesser des ganzen Kopfes und erhält dann für die Breite beim Neugebornen 75, beim erwachsenen Manne dagegen 80, während das Weib mit 76 den kindlichen Typus beibehält. Jedenfalls kann also der aufgestellte Satz nur auf den Mann, nicht auch auf das Weib bezogen werden; das Eine Procent ist sicher bedeutungslos. Der auffällige Widerspruch dieser Angaben mit den unsrigen ist unschwer zu erklären. Welcker nimmt eben zum Massstabe die Gesammtlänge des Kopfes. Wir haben bereits den überraschend kleinen Wachsthumscoefficienten des in dieser enthaltenen Hinterhauptes kennen gelernt, und die Zahlen von Welcker beweisen, dass er auch für die ganze Länge kleiner sei als für die Breite und die Höhe. Er beträgt nemlich bei ihm im Manne nur 1,55, bei diesen dagegen 1,67 und 1,64. Es wird hieraus leicht verständlich, weshalb der kindliche Schädel im Verhältniss zu seiner Länge schmäler ist als der erwachsene. Er ist aber nicht nur schmäler, er ist auch niedriger, da in beiden Richtungen der Coefficient derselbe ist; nach unsern obigen Erfahrungen ist ja die kleine Differenz bedeutungslos. Beim Weibe macht sich die Sache anders. Hier ist der Coefficient der Länge 1,51, der Höhe 1,52 und der Breite 1,54. Im Gegensatze zum Manne ist also das Wachsthum nach allen Richtungen hin ein und dasselbe, und deshalb unterscheidet sich bei der Welcker'schen Berechnung die Schädelbreite des Kindes nicht von derjenigen des erwachsenen Weibes; dasselbe gilt aber auch für die Höhe. Nur im weiblichen Geschlechte stehen auf allen Altersstufen diese drei Durchmesser in dem gleichen Verhältnisse zu einander, während sie im männlichen ihren relativen Werth mit der Zeit ändern. Der weibliche Typus der Kopfform steht demnach dem kindlichen näher als der männliche.

Wie bei jeder Aenderung relativer Werthe, wird es sich auch hier darum handeln, zu erfahren, von welcher Seite die Störung des ursprünglichen Verhältnisses ausgegangen sei. Welcker schiebt ohne Weiteres die Schuld auf die relativ grössere Schmalheit des kindlichen Schädels und folgert daraus ganz consequenter Weise ein stärkeres Breitenwachsthum des männlichen, ein geringeres des weiblichen Schädels. Wir haben bereits früher (p. 10) gegen diese Auffassung protestirt.

Und wie wir dort dem Längsdurchmesser die Berechtigung abgesprochen haben, als Massstab für die übrigen Schädeldurchmesser verwendet zu werden, so können wir uns hier nicht damit einverstanden erklären, wenn man nach seinem Wachsthume diejenige des ganzen Schädels bemessen will. Wir haben gesehen, dass im Erwachsenen die ganze Differenz im Hinterhaupte auftritt. Warum aber muss dessen relative Kürze im Manne durch ein Anwachsen, seine relative Länge im Weibe durch ein Fallen der Höhe und der Breite bedingt sein? Ist es nicht ebenso wahrscheinlich, dass der Grund in dem Hinterhaupte zu suchen sei, und dass seine Ausbildung dem Wechsel unterliege? Wir können diese Frage nur dadurch zur Entscheidung bringen, dass wir die drei fraglichen Durchmesser beim Kinde und beim Erwachsenen mit irgend einer andern Grösse des Schädels vergleichen. Dabei muss sich dann zeigen, an welcher Stelle die Veränderungen aufgetreten sind. In unserm Falle wird diess um so leichter sein,

---

[1] Wachsthum und Bau des menschlichen Schädels. I. p. 72. 1862.

als der Ausgangspunkt für beide Geschlechter derselbe ist. Wählen wir zur Vergleichung die Schädelbasis, so ergeben sich folgende Werthe aus den Zahlen von Welcker:

	Länge.	Breite.	Höhe.
Neugeborner Knabe . .	207.	153.	141.
Neugebornes Mädchen . .	207.	155.	141.
Erwachsener Mann . . .	180.	145.	133.
Erwachsenes Weib . . .	185.	141.1.	132.3.

Also nicht in der Breite und Höhe, sondern in der Länge ist ein Unterschied im Manne und im
Weibe eingetreten. Die oben angeführten Wachsthumscoefficienten zeigen, dass er seine Entstehung nicht
einem relativ stärkern Wachsen des weiblichen, sondern einer relativ schwächern Zunahme des männlichen
Längsdurchmessers zu verdanken habe.[*] Die von Welcker behauptete grössere Schmalheit des Schädels
der Neugebornen tritt also nur gegenüber derjenigen des erwachsenen Mannes und auch dann nur zu
Tage, wenn die Gesammtlänge des Kopfes als Maassstab angenommen wird. Bei jedem andern Maassstabe zeigt sich aber in den Schädeln sowohl des Kindes, als auch des erwachsenen Mannes und Weibes,
mit einziger Ausnahme des Hinterhauptes, die allergrösste Uebereinstimmung des Wachsthums und der
definitiven Gestaltung. Es fragt sich also hier wiederum, wollen wir auf Kosten der Gleichheit des
ganzen übrigen Schädels die Gleichheit des Hinterhauptes denn um dieses dreht sich die ganze Angelegenheit aufrecht erhalten, oder ist es nicht logischer, die Ungleichheit des Hinterhauptes in sonst
relativ durchaus gleichen Schädeln zuzugestehen. Meines Bedünkens ist die Antwort selbstverständlich.
Solche Fälle zeigen, wie dringend es noth thut, den morphologischen Werth der einzelnen Schädellinien
sich klar zu machen. Handelt es sich nur um die Bestimmung der äussern Form in einem gegebenen
Falle, so kann am Ende jede grössere Linie als Ausgangspunkt mit Nutzen verwerthet werden, mithin
auch der Längsdurchmesser der Gehirnkapsel. Aber etwas ganz anderes ist es, wenn es sich um die
Erkenntniss und Beurtheilung innerer Structurveränderungen handelt. Nur eine zu dem Organismus des
Schädels in einfacher Beziehung stehende Linie kann dann den gehörigen Rückhalt verleihen. In
dieser Beziehung genügt nun gerade der fragliche Längsdurchmesser den Anforderungen in keiner Weise;
denn so hoch sein Werth für die äussere Form, so gering ist er für die innere Structur des Schädels.
Wie irrationell und unbekümmert um den allgemeinen Grundplan durchschneidet er die drei Wirbelbogen
des Vorder-, Mittel- und Hinterhauptes, zu deren jedem er in einem besondern Verhältnisse steht, und
von denen er sich Stücke von durchaus ungleichem Werthe einverleibt; es fehlt ihm durchaus die
morphologische Einheit seiner Elemente. Offenbar hat man diesem Durchmesser seiner Grösse wegen
den Vorzug gegeben, aber sicher ist der allgemeine Werth des Höhen- und Breitendurchmessers ein
ungleich höherer.

Das Ergebniss unserer Untersuchung ist die Erkenntniss, dass die Eigenthümlichkeit des weiblichen Schädels auf einer allseitigen, gleichmässigen Fortbildung der ersten Anlage, diejenige des männlichen auf einer in verschiedenen Richtungen ungleichen Ausbildung derselben beruht. Für beide ist diese
erste Anlage eine gemeinsame. Es wäre demnach der gleiche Stamm, der in der einen Richtung nach
Racen, in der andern nach Geschlechtern sich differenziren würde. In wie fern das letztere typisch
ist, bedarf noch, wie schon hervorgehoben wurde, des weitern Nachweises.

Indem wir die spärlichen Erfahrungen über kindliche Schädelformen zur Grundlage einer längern
Besprechung gemacht haben, geschah es keineswegs in Missachtung der von uns selbst scharf genug

---

[*] Es bedarf wohl kaum des besonderen Hinweises, dass nur die Wachsthumscoefficienten ein und desselben
Schädels unter einander vergleichbar sind, da ihre absolute Grösse von der Grösse des untersuchten Objects abhängt und
deshalb eine ganz zufällige ist. Der männliche Schädel ist bekanntlich grösser als der weibliche. Werden nun beiden dieselben Werthe von Neugebornen untergelegt, so müssen für jenen die Coefficienten grösser werden, als für diesen. Dario
liegt aber nur der Ausdruck des absoluten, nicht des relativen Wachsthumes, um das es sich hier handelt.

betonten Forderung, dass in anthropologischen Dingen mehr noch als in andern einzelne Beobachtungen nur mit grösster Vorsicht zu Schlussfolgerungen zu verwenden seien. Gern werden wir ausgedehnteren Forschungen das Vorrecht zugestehen, in dieser Angelegenheit das entscheidende Wort zu sprechen. Möchten sie nur nicht allzulange auf sich warten lassen! Wir sind aber wohl um so eher berechtigt, den mitgetheilten Thatsachen einigen Werth beizulegen, als einerseits das Verhalten des Kindes zu bestimmt von demjenigen des Erwachsenen sich unterscheidet, um den Verdacht der blossen Zufälligkeit zu rechtfertigen, andrerseits auch mit den unsrigen durchaus übereinstimmende Schlüsse bereits von Pruner Bey gezogen worden sind. Wie weit dieser Forscher sich auf wirkliche Beobachtungen stützt, wissen wir freilich nicht; jedenfalls aber war er weit mehr in der Lage, sich ein wohlbegründetes Urtheil zu bilden, als alle andern, die in dieser Angelegenheit sich ausgesprochen haben.

Die Entwicklung des menschlichen Schädels ist sowohl für die Morphologie im allgemeinen, als auch für die Anthropologie im besondern von hervorragender Bedeutung, und sicher birgt sie noch einen reichen Schatz der Erkenntniss, mit dessen Hebung kaum recht begonnen wurde.

V. Verbreitung der menschlichen Schädelformen.

Wir haben uns im bisherigen damit begnügt, die absolute Schädelform festzustellen, ohne uns viel um die Bedingungen zu kümmern, unter denen sie zur Erscheinung kommt. Wir haben nachgewiesen, dass verschiedene Völker in dieser Hinsicht wesentlich verschieden sich verhalten, ohne jedoch Rücksicht darauf zu nehmen, in wiefern sie sich zu einheitlichen Gruppen zusammenstellen lassen, und doch gewinnt die ganze Angelegenheit erst hierdurch ihre wahre Bedeutung. Erst die Art und Weise der Vertheilung der verschiedenen Formen gestattet uns einen Maassstab für ihren morphologischen Werth. Würde sich ergeben, dass sie in bunter Mischung regellos auftreten, so müsste der letztere mehr als zweifelhaft werden; im entgegengesetzten Falle liesse sich aber ebenso eine tiefere Bedeutung nicht in Abrede stellen. Das eben ist ja das Merkmal einer typischen Bildung, dass sie in grösseren Bezirken regelmässig wiederkehrt. Einflüsse mannigfacher Art können zwar ein derartiges Verhältniss zerstören, nie aber ganz verwischen. Wir brauchen deshalb auch kaum zu fürchten, dass die zahlreichen Vermischungen von Völkern, die unzweifelhaft in geschichtlichen und vorgeschichtlichen Zeiten stattgefunden haben, ein etwa vorhandenes Grundgesetz der Vertheilung vollkommen aufgehoben hätten. Leider müssen wir darauf verzichten, ein solches in seinem ganzen Umfange nachzuweisen, fehlen doch der dazu nothwendigen Bedingungen noch allzuviele. Sehen wir auch ab von den zum Theil bedeutenden Lücken unserer Beobachtungskette, so sind noch manche ihrer Glieder keineswegs so sicher und wohlerforscht, dass ein durchaus verlässlicher Schluss sich darauf bauen liesse. Immerhin aber sind, wie ich glaube, deren genug gegeben, um wenigstens im Ganzen und Grossen ein Bild des Thatsächlichen zu gestatten. Je einfacher und gleichmässiger die Linien sich ergeben, um so eher dürfen wir aus dem Vorhandenen das Fehlende durch Induction ergänzen, freilich immer unter dem Vorbehalt, diese so bald als möglich durch Thatsachen zu ersetzen.

Wir sind im Verlaufe unserer Untersuchungen zu der Ueberzeugung gelangt, dass die typische Gestaltung des Schädels in seiner Breitenentwicklung zu suchen sei. Ordnen wir nun die Köpfe der verschiedenen Völker nach dem Maasse ihrer Breite, so hängen zwar die niedrigsten Grade in ununterbrochener Reihenfolge mit den höchsten zusammen, so dass eine natürliche Scheidung in Gruppen sich geradezu als unmöglich herausstellt, zugleich aber tritt doch unzweideutig ein ganz bestimmtes Gesetz ihrer Vertheilung hervor. Es liegen nämlich die Endglieder nicht nur nach der Breitenverschiedenheit des Schädels, sondern auch nach den Wohnorten seiner Träger weit auseinander. Breite und schmale Schädel treten im allgemeinen nicht gemischt auf; gleichartig vereinigt halten sie ihre gesonderten und durchaus abgeschlossenen Bezirke inne. Die südliche Hemisphäre ist die Heimath der schmalen, die nördliche Hemisphäre diejenige der breiten Schädel. Jene finden in Afrika, diese in Nordasien ihren Mittelpunkt; von hier aus verbreiten sie sich in weiten Kreisen, nicht um in scharfer Grenze aneinanderzutreffen, sondern in allmäligem Uebergange den Gegensatz auszugleichen. Und so unmerklich geschieht diess, dass niemand mit Sicherheit zu sagen vermöchte, wo das eine Gebiet aufhört und das andere beginnt. Zwischen den getrennten Endformen liegen die verbindenden Mittelformen. Wir haben sie in der früher versuchten Eintheilung den benachbarten Enden der grossen Hauptgruppen (stenocephale und eurycephale) zugewiesen; bei der geographischen Vertheilung erscheint es indessen im Interesse der Uebersichtlichkeit, ihnen ein eigenes Gebiet abzugrenzen. Wir hätten demnach auf der Erdoberfläche drei grosse Gebiete oder Zonen anzunehmen, eine stenocephale im Süden, eine eurycephale im Norden und mitten inne eine Uebergangszone. Schicken wir uns zur Erforschung einer jeden derselben an! —

a. Stenocephale Zone.

Der Verbreitungsbezirk der schmalen Kopfformen findet seinen Mittelpunkt in Afrika, wo er alle Stämme südlich vom Wendekreise des Krebses, demnach alle Negervölker zu umfassen scheint. Von hier schickt er seine Ausläufer nach Polynesien, Südasien und Amerika, und lässt nur Europa vollständig unberührt. Hervorstechender Charakter ist die auffällig geringe Breitenentwicklung der Hirnkapsel, welche im Mittel nur etwa 71 beträgt und höchstens auf 74 sich erhebt. Demgemäss erscheinen die Schläfentheile flach, scharf von der Scheitelfläche abgesetzt. Die Ausbildung des Hinterhauptes ist mässig, in der Mehrzahl der Fälle sogar schwach, im übrigen vielfach abändernd. Trotzdem überwiegt in Folge der grossen Schmalheit der Längendurchmesser in der Regel so bedeutend, dass die meisten der hieher gehörigen Völkerschaften als dolichocephal sind aufgefasst worden; doch ist in einzelnen Fällen auch das Gegentheil vorgekommen, wie der von Baer untersuchte und früher schon erwähnte Schädel von Gilolo beweist. Stellenweise (Neger) tritt die Neigung zu entschiedenem wahrem Kieferprognathismus zu Tage.

Keine Völker dieser Zone erfreuen sich, wenn auch in der Regel keineswegs in beneidenswerther Weise, einer so allgemeinen Theilnahme, wie diejenigen von Afrika. Es liegt nicht in unsrer Aufgabe, zu untersuchen, in wie fern gewisse Stämme als eigentliche Neger von den übrigen zu trennen sind, um so weniger, als in der allgemeinen Kopfform keinerlei Anhaltspunkte hierfür sich darbieten. Köpfe aus den verschiedensten Gegenden standen mir zur Verfügung; aus dem Osten und Westen des Landes waren die Neger aus dem Sudan, von Angola, Benguela und Congo, von Darfur, Maravi und Mozambique vertreten, während aus dem Süden die Kaffern, Buschmänner und Hottentotten ein nicht unansehnliches Material geliefert hatten. In Beziehung auf Höhe und Breite habe ich keinen nennenswerthen Unterschied zu finden vermocht; denn auf die hervortretenden Differenzen ist bei der immerhin geringen Zahl von Beobachtungen und den bedeutenden individuellen Schwankungen vor der Hand kein Gewicht zu legen. Bedeutungsvoll ist aber die allen gemeinsame geringe Breite des Schädels, die in einzelnen Individuen bis auf 60 (Congo) sinken und so wohl die unterste Stufe des menschlichen Typus darstellen kann. Den breitesten Schädel besass ein Buschmann mit einem Werthe von 78. Das Mittel der grössten Breite d. L der F. p. aber war:

Neger von Congo . . . . 65.
Kaffer, Neger aus Sudan, Angola und Benguela (Neger aus Darfur[*]) . 69.

---

[*] Hier und im Folgenden enthalten die Klammern Angaben, die bisher nicht berücksichtigt und auch nicht in die allgemeinen Tabellen aufgenommen wurden, weil sie, nur auf einzelnen oder unsichern Beobachtungen fussend, nicht von

Hottentotte, Neger aus Mozambique . . . . 71.
(Neger aus Madagaskar) . . . . 72.
Buschmann (Maravineger) . . . . 74.

Maasse von Negerschädeln aus dem Nilbecken, aus Kordofan und Darfur hat Pruner-Bey[1] gegeben. Als Mittel aus seinen 36 Beobachtungen habe ich für die grösste Schädelbreite 72, für die Ohrbreite 60 berechnet, was vollkommen mit meinen Erfahrungen stimmt. In der Höhe herrscht wesentliche Uebereinstimmung; der niedrige Werth des Congonegers ist wohl kaum typisch. Dass der Schädel des Hottentotten, wie auch in neuerer Zeit angegeben wird, flacher sei als der anderer Neger, z. B. der Kaffern, habe ich nicht bestätigt gefunden. Solches ist nur scheinbar der Fall, wenn der Längen-Höhenindex[2] berechnet wird; letzterer giebt dann allerdings einen kleineren Werth für den Hottentotten als für den Kaffer, nicht aber weil bei jenem die Höhe geringer, sondern weil die Länge beträchtlicher ist, als bei diesem. Verschiedenheit der letzteren macht sich aber überhaupt geltend als Folge einer sehr wechselnden Gestaltung des Hinterhauptes, dessen Länge folgende Werthe ergiebt:

Neger von Congo . . . . 57.
Neger von Mozambique . . 59.
Neger von Angola . . . 60.
Kaffer . . . . 61.
Neger aus Sudan . . . . 68.
Hottentotte (Maravineger) . 70.
Buschmann . . . . . . 72.

Aus den schon erwähnten Mittheilungen von Pruner-Bey berechnete ich einen Werth von 68 für das Hinterhaupt. Diese Zahlen erklären die grossen Widersprüche, die in Bezug auf die Negerschädel zwischen den Angaben verschiedener Forscher[3] herrschen. Nach den einen soll nämlich das foramen magnum im Neger dem hintern Kopfende näher gerückt sein, als im Europäer; nach den andern aber soll diese Lagenverschiedenheit gar nicht existieren oder nur scheinbar durch die grössere Länge des prognathen Gesichtes bedingt werden.[4] In neuerer Zeit scheinen in dieser Richtung keine weiteren Forschungen vorgenommen worden zu sein. Die sogenannte Dolichocephalie dieser Schädel gab ihnen selbstverständlich ein Anrecht auf den Besitz eines langen Hinterhauptes, ja wie bereits an einer früheren Stelle hervorgehoben wurde, wollte man sogar die Nothwendigkeit eines solchen zur Herstellung des Gleichgewichtes aus dem stärkern Vortreten des Gesichtes ableiten. Unsere Zahlen beweisen, dass hier die Theorie zu einer nach allen Seiten durchaus irrigen Anschauung geführt hat. Das Hinterhaupt des Negers zeigt durchschnittlich eine nur mässige, ja meistens sogar hinter dem Mittel zurückbleibende Entwicklung, und es stimmt damit die Angabe, dass der Uebergang vom Hinterkopfe zum Rücken beim Neger flacher sei, als beim Europäer.[5] Offenbar kann indessen diese Flachheit bei der ungleichen Länge des Hinterhauptes nicht überall die gleiche sein, und bei den höhern Entwicklungsstufen, z. B. dem Hottentotten, muss sie geradezu fehlen. Ueberhaupt lässt sich die Frage nach der Stellung des for. magnum im Vergleiche zum Europäer nicht ohne Weiteres beantworten. Zunächst darf nicht vergessen werden, dass sie schon im Europäer keineswegs überall gleich ist, da auch bei ihm die Länge des Hinterhauptes bedeutenden Schwankungen unterliegt. Gehen wir indessen von deren niedrigeren Stufen aus, so werden sie allerdings von den höhern des Negers (zumal Buschmann und Hottentotte)

enterbeldendem Gewicht sind. Immerhin gewinnen sie in Verbindung mit anderseitigen zuverlässigen Erfahrungen Bedeutung.

[1] Mémoire sur les nègres. Mém. de la soc. d'anthrop. de Paris. I. p. 334. Tableau I.
[2] Welcker in dem Archiv f. Anthropologie. I. p. 158.
[3] Waitz, Anthropologie. Bd. I. p. 107.
[4] Prichard, a. a. O. Bd. I. p. 342.
[5] Broc, Essai sur les races humaines. 1837. p. 18 und bei Waitz a. a. O.

nicht bloss erreicht, sondern selbst in geringem Maasse überragt; dagegen bleiben nicht wenige ansehnlich hinter ihnen zurück. Die Stellung des for. magnum wird also in der That im Neger bald mit derjenigen gewisser Europäer übereinstimmen, bald aber nicht. Im Widerspruche mit der gewöhnlichen Ansicht sind die meisten Negerschädel nicht nur nicht lang, sondern geradezu kurz, und nur die ausserordentliche Schmalheit trägt die Schuld, dass diese Thatsache nicht längst zur Geltung gekommen ist. Selbst eine starke Verkürzung lässt den Längsdurchmesser noch immer um ein ansehnliches den Querdurchmesser überwiegen, doch werden auch runde Köpfe neben langen erwähnt.[1] Ist die Angabe richtig, so spricht sie jedenfalls für eine ungewöhnliche Kürze des Hinterhauptes.

Auffällig ist bei allen Negern die Tendenz zur prognathen Entwicklung des Oberkiefers mit geringer Verlängerung des harten Gaumens. Ich fand sie am schärfsten ausgesprochen bei den Negern aus Congo und Sudan, sowie auch bei den Hottentotten, wo die Länge des Gesichtes gleich 93 wird, während sie bei den übrigen etwas zurückbleibt (Kaffer 90, Buschmann und Mozambiqueneger 87). In dieser so allgemein auftretenden Neigung liegt eine charakteristische Eigenthümlichkeit der Negervölker; trotzdem erreicht kein einziges in seiner Mittelzahl das vordere Ende der Schädelbasis. Solches geschieht nur in individueller Gestaltung. Ein Neger aus Darfur erreichte den Werth von 99,5 und ein solcher aus Sudan erhob sich sogar auf 101. Immerhin sind diese seltene Ausnahmen, doch für gewisse morphologische Fragen nicht ganz ohne Interesse.

Neben Afrika ist Polynesien die Hauptstätte der Stenocephalie. Leider standen mir aus diesem Gebiete nur wenige Schädel von den Freundschaftsinseln Tonga und Bolabola, sowie aus Neu-Holland zu Gebote. Um so mehr musste es mir erwünscht sein, Zahlenangaben anderer Forscher verwerthen zu können. Bourgarel[2] hat solche für 57 Neu-Caledonier und 25 Polynesier aus Taiti, den Marquesas und dem Pomotusarchipel, die er als zusammengehörig auffasst, gegeben. Da die Länge der Schädelbasis beigefügt wurde, so bietet die Berechnung nach unserm Systeme keine Schwierigkeit. Als grösste Breite ergiebt sich:

Neu-Holländer . . . . 71.
Freundschafts-Insulaner . . . . . 72.
Neu-Caledonier (Bourgarel) . . . 69.
Polynesier (Bourgarel) . . . . . 72.

Es stehen die Zahlen von Bourgarel mit den unsern im Einklang und bekräftigen die Schmalköpfigkeit der Polynesier in unzweideutiger Weise. Uebrigens wird von dem französischen Forscher (a. a. O. p. 263) bereits die Uebereinstimmung zwischen Neu-Caledonier und Europäer in der Länge und Höhe, dagegen ihre Verschiedenheit in der Breite hervorgehoben, eine Bemerkung, die vollständig den von uns entwickelten Anschauungen entspricht. Die Länge des Hinterhauptes ist unter dem Mittelmaasse; bei den Schädeln von Bolabola betrug sie 55, bei den übrigen, sowohl den von mir, als von Bourgarel gemessenen, 62. Prognathismus habe ich beim Nukahiver gefunden.

Die stenocephale Zone besitzt noch ihre Ausläufer in Asien und Amerika. Dort fasst sie im äussersten Süden bei den Hindus, den Malabaren und Nicobaren Wurzel, hier setzt sie sich an zwei weit auseinander liegenden Punkten, in Grönland und in Brasilien, fest. Trotz der grossen Verschiedenheit der Völker ist die Uebereinstimmung in der Schädelform eine wahrhaft wunderbare. Sie wiederholt diejenige der Polynesier in allen Stücken. Die grösste Breite liegt zwischen 70 und 73, und auch das Hinterhaupt zeigt eine auffällige Constanz, indem es sich innerhalb der Grenzen von 65 und 67 hält. Prognathismus scheint durchaus zu fehlen.

Am wunderbarsten ist wohl das Auftreten eines entschieden schmalschädeligen Volkes im hohen Norden in den Grönländern, die inselartig in das Gebiet der Eurycephalie eingeschoben sind. Unwill-

---

[1] Waitz, Anthropologie. Bd. I. p. 238.
[2] Des races de l'Océanie française. Mém. de la soc. d'anthrop. I. p. 357 und 360.

kürlich denkt man an die schon von anderer Seite aufgestellte Vermuthung, dass die Grönländer nichts anders als ein weit nach Norden vordringender Ast des südasiatischen Völkerstammes seien, dem sie allerdings durch ihre Kopfformen nahe stehen. Aus Brasilien habe ich nur die Pacaguaraner als hieher gehörig kennen gelernt, doch sprechen einzelne von mir gemachte Erfahrungen dafür, dass sie in Südamerika, z. B. in Brasilien, noch manche Genossen besitzen dürften. Wichtig ist, dass die in den Höhlen am Sumidoiro (im Stromgebiet des Maranon) von Lund gefundenen, fast ganz versteinerten Schädel sich kaum von ihnen unterscheiden. Wir werden später darauf zurückkommen.

b. Eurycephale Zone.*

Wie dem Süden die schmale, so ist dem Norden die breite Kopfform eigenthümlich. Die eurycephale Zone findet ihren Brennpunkt in dem weiten Gebiete Nordasiens, etwa bis zum 40. Grade nördlich vom Aequator, und in der östlichen Hälfte Europas. Auch der ganze Norden Amerikas fällt in ihren Bereich. Ausgezeichnet sind die Köpfe durch allgemeine Breite, welche in der Regel mit einer sehr ausgeprägten Wölbung der Seitenflächen sich verbindet. Ausnahmsweise nur legt sich eine scharfe Linie zwischen Schläfe und Scheitel; meistens gehen beide, nur leicht von einander geschieden, gleichmässig in einander über. Dem Hinterhaupte ist überall eine ansehnliche Entwicklung eigen. Nie sinkt es so tief wie in der vorigen Zone; selbst seine niedrigsten Werthe (Russe 65, Tartar und Kosak 66) liegen wenig unter dem allgemeinen Mittelwerth von 67. Fast immer wird letzterer überstiegen, und die höchsten Werthe (bis zu 83 im Schweden) gehören ausnahmslos dieser Gruppe an. Nichtsdestoweniger sind wegen der ansehnlichen Breite fast alle hieher gehörigen Formen als brachycephal aufgefasst worden, und nur bei wenigen vermochte das Hinterhaupt seinen Einfluss zur Geltung zu bringen (Schwede, Holländer). Die letztern wurden bekanntlich fälschlich als schmal angesehen und als dolichocephal mit den stenocephalen Bildungen zusammengeworfen. Die prognathe Kieferstellung tritt ausnahmsweise auf; es sind in dieser Beziehung die Lappen um so merkwürdiger, als sie bis an die Neger hinanreichen. Zuweilen wird jene verticale Abflachung des Gehirnschädels bemerkt, auf die bereits hingewiesen wurde. Besonders ausgesprochen findet sie sich bei einigen Asiaten (Calmücken,[a] Tungusen), doch ist sie auch andern Völkerschaften (z. B. den Indianern von Nordamerika) keineswegs fremd (Taf. 3. Fig. 2).

Die Wiege der breiten Kopfform ist der schmalen vollkommen baar. Die Breitenwerthe sind folgendermassen vertreten:

Tartar, Kosake	79.
Tunguse, Buraete, Finnländer, Holländer, Schwede .	80.
Baschkire, Russe	81.
Türke	82.
Jude, Lappe, Graubündtner	83.
Calmücke	84.

Alle diese Zahlen liegen ebensoweit über dem Mittel der grössten Breite (75), als diejenigen der vorigen Gruppe darunter. Für die übrigen Einwohner dieser Gegenden standen mir leider nur einzelne Beobachtungen zu Gebote. Sind sie als solche auch von untergeordneter Bedeutung, so wird dieselbe doch dadurch erhöht, dass sie unter einander übereinstimmen.

Für Asien hatte ich Gelegenheit, eine Anzahl von Vertretern nordischer Völkerschaften zu untersuchen. Die meisten besassen sehr hohe Breitenwerthe, nämlich ein Kamtschadale, ein Samojede und ein Kadjaker 83, ein Aleute 86, ein Tschude vollends 94. Ergänzt und gestützt werden diese Beobachtungen durch die Erfahrungen v. Baer's, dessen in den Crania selecta mitgetheilte Zahlen leicht nach unserem Systeme sich berechnen lassen. Darnach ergaben sechs Aleuten von Unalaschka 83 und drei Kadjaker 84.

---

[a] Für die Calmücken darf diese Abflachung wohl um so eher als Regel betrachtet werden, da sie auch durch von Baer (Crania selecta p. 16) bestätigt wird.

Dagegen sank bei zwei von der, ebenfalls den Aleuten angehörigen, Insel Atcha herstammenden Schädeln die Breite auf 76. Inwiefern diess zufällig oder typisch ist, müssen künftige Forschungen entscheiden; jedenfalls darf an die Nähe der durchaus schmalen Eskimos erinnert werden. Wie und wo sich diese von ihren breitköpfigen Nachbarn abgrenzen, ist durchaus unbekannt. Wäre die Vermuthung richtig, dass sie mit den schmalen Südasiaten zusammenhängen, so hätte es nichts auffälliges, auf der Strasse ihrer Wanderungen Reste schmaler Kopfformen mitten in dem Meere der breiten zu finden. Noch muss ich eines Jukagiren, eines Korjäken und eines Jakuten gedenken mit einem Breitenwerthe von 78. Erfreulich ist es zu sehen, wie die v. Baer'schen Zahlen für Calmückenschädel mit den unsrigen stimmen. Wir erhielten als Mittelwerth der Breite 84, er für zehn Männer 82 und für fünf Weiber 83,5. — Aus südlicheren Gegenden kamen noch Anwohner der Kaspischen See zur Beobachtung, die alle entschieden breit waren; so zwei Kirghisen mit 84, ein Lesghi mit 80, zwei Grusier mit 82 und ein Tscherkesse mit 83. So sehr nun auch diese Erfahrungen noch der Ergänzung und Bestätigung bedürfen, so berechtigen sie doch wohl zu dem Schlusse, dass in Asien das Gebiet der Eurycephalie ununterbrochen von dem höchsten Norden durch die weiten Steppenländer südwärts bis nach Kleinasien und der Tartarei reiche. Ihm gehört die ganze Ostgrenze Europas und es kann uns deshalb nicht überraschen, es über den ganzen Osten und Norden dieses Erdtheiles sich erstrecken zu sehen. Die Russen, Kosaken, Finnen, Lappen, Schweden und Holländer haben wir bereits namhaft gemacht. Es stellen sich, freilich noch nur wenig Beobachtungen, auch die jetzigen Dänen, die Polen und Slavonier mit 84, die Wenden und Gallizier mit 83, die Böhmen mit 86 hieher. Für Mitteleuropa berechne ich aus den Tabellen von Welcker dem Deutschen eine Breite von 80. In der Schweiz treten im Graubündner mit 83, in den westlichen Kantonen mit 84 (s. o. p. 11) breite Formen zu Tage. Die Tabellen von His und Rütimeyer (Crania helvetica) lassen für den sogenannten Disentistypus ebenfalls 84, für den Sioutypus aber nur 77 berechnen. Der Hohbergtypus gehört, wie wir sehen werden, nicht hieher.

Wir haben die breite Schädelform von Asien aus über die Brücke der Aleuten westwärts vordringen sehen. Wir finden sie wieder an dem jenseitigen Ufer, auf dem Festlande von Amerika. In den Sitkakanen (etwas schmal mit 81) setzen wir zunächst sich fest, um dann weiter, so fern unsere wenigen Beobachtungen einen Schluss gestatten, in die zahlreichen Indianerstämmen über den ganzen Norden sich auszubreiten. Wie aber die Stenocephalie in den Grönländern nach Norden, so greift auch die Eurycephalie nach Süden über. Die Caraiben, Botocuden und Puris gehören alle in der Breite von 79 der untersten Stufe der letztern an; in zwei Araucanern erhob sie sich sogar (wohl nur individuell) auf 83. Ihnen folgen unmittelbar die alten Peruaner, deren Schädel in so reicher Menge die Gräber von Truxillo füllen; doch lässt sich schwer ein Urtheil darüber gewinnen, in wie fern hier die künstliche Formumänderung von Einfluss war. Ein einzelner Aturenschädel gab den Werth von 79.

Endlich scheint die breite Schädelform noch einen verlorenen Posten in den Guanchen zu besitzen, jenem räthselhaften Volke, das nur in den Mumien der Canarischen Berghöhlen sich erhalten hat.

c. Uebergangszone.

Vergegenwärtigen wir uns die Verbreitung der schmalen und breiten Schädelformen, wie wir sie eben entwickelt haben, so kann es uns nicht entgehen, dass sie in der alten Welt einen breiten Streifen frei lassen, der sich zwischen ihnen von Osten nach Westen zieht. Er beginnt in Asien, dessen südliches Festland sammt den Inseln er umfasst, und umgürtet westwärts das mittelländische Meer, indem er einerseits über das nördliche Afrika, andererseits über das südwestliche Europa sich erstreckt. Dieses ganze weite Gebiet mit seiner reichen, vielfachen Völkergestaltung enthält vorzugsweise Schädelformen, die, zwischen den breiten und schmalen in der Mitte liegend, an beide sich anlehnen. Um das allgemeine Mittel der Schädelbreite schwankend gehen sie nordwärts in die eurycephale, südwärts in die stenocephale Form über. Sie bauen demnach zwischen beiden ebenso wohl eine morphologische, wie eine geographische Brücke. Von einer scharfen Abgrenzung kann übrigens um so weniger die Rede sein, als gerade hier die entgegengesetztesten individuellen Gestaltungen zusammentreffen und nur lange Beobachtungsreihen demnach die wahre Norm zu liefern im Stande sind. Leider bleibt in dieser Hinsicht viel zu wünschen übrig und es ist immerhin möglich, ja sogar wahrscheinlich, dass Glieder unserer Uebergangszone durch künftige Untersuchungen der benachbarten Zone und umgekehrt zugewiesen werden. Das hat indessen wenig zu bedeuten, da die Grenzen überhaupt nur künstliche, nicht durch die Natur selbst gezogene, sind. Ein einziger Schädel kann an der willkürlich angenommenen Marke der benachbarten Gebiete den Entscheid hierhin oder dorthin wenden. So erklärt es sich, dass unsere Zahlen den Nukahiver hieher stellen, während er nach den reicheren Erfahrungen von Bourgarel entschieden der stenocephalen Zone angehört. Das gleiche gilt vielleicht auch für den Sandwichinsulaner. Möglicher Weise ist beim Hindu das entgegengesetzte der Fall; seine übergrosse Schmalheit ist jedenfalls auffällig und ich würde mich nicht wundern, wenn ihm weitere Forschungen eine andere als die von uns angenommene Stellung zuwiesen. Mit der Idee des Uebergangsgebietes ist es übrigens durchaus verträglich, dass in dasselbe Angehörige der Nachbarländer sich hineindrängen. Von der eurycephalen Form haben wir es ja in Kleinasien bereits nachgewiesen.

Der ganze asiatische Theil unserer Zone zeigt eine auffällige einheitliche Gestaltung; die Breite ist fast überall dieselbe, wie folgende Zusammenstellung lehrt:

Chinese, (Siamese), Bugghe . . . . 75.
Macassare, Mahratte . . . . 76.
Javanese, (Madurese), Balinese, Bewohner der Sundainseln, (Alfuru) 77.
Javanese, Papu . . . . 78.

Als Bewohner der Sundainseln habe ich eine Anzahl einzelner, von verschiedenen Punkten des Archipels herstammender Schädel vereinigt, da sie einander durchaus ähnlich waren. Die Richtigkeit meiner Zahlen für den Chinesen und Papu finde ich noch durch die Angaben v. Baer's (Crania selecta) bestätigt. Aus seinen Zahlen berechne ich für jenen 76, für diesen 78. Ihnen habe ich auch den Werth für den Alfuru entnommen. Für den Papu war eine derartige Bestätigung um so wünschenswerther, als meine eigene Mittelzahl, der grossen Ungleichheit der einzelnen Individuen wegen, kein grosses Vertrauen einflösst. Demnach wären diese Einwohner Neu Guineas breitköpfiger als diejenigen Neu-Hollands, für welche wir bloss 71 erhielten, doch lässt die kleine Zahl der gemachten Beobachtungen noch keinen unzweifelhaften Schluss zu.

Ausserordentlich spärlich sind leider unsere Erfahrungen für den Westen unsers Gebietes. Wir wissen selbst nicht, ob es ununterbrochen mit dem Osten zusammenhängt. Erst in Afrika treten die Mumien des alten Aegyptens in hinreichender Zahl uns entgegen, um ein bestimmtes Urtheil zu gestatten. Sie gehörten mit einer Breite von 76 unzweifelhaft hieher. Nach den Angaben von Pruner-Bey[*] scheinen sich die Berbern ähnlich zu verhalten, und ein einzelner von mir untersuchter Beduine bot den Werth von 77. Künftige Forschungen müssen hier Gewissheit schaffen.

Nicht besser steht es mit dem südwestlichen Europa, aus dem ich nur wenige Schädel erhalten konnte. Nichts destoweniger ist es bemerkenswerth und kaum als Laune des Zufalls zu deuten, dass die Breite ausnahmslos eine viel geringere war, als im Nordosten, indem sie genau derjenigen des östlichen Endes der Uebergangszone entsprach.

(Italiener, Engländer) . . . . 75.
(Neu-Grieche, Wallache, Portugiese, Spanier) . . . . . 77.
Alt-Grieche . . . . 78.

Auch das unstäte Volk der Zigeuner findet hier mit 75 seinen Platz. Ob dem Etrusker der hohe Werth von 81 mit Recht zukommt, muss die Zukunft lehren. Von Interesse ist die Erscheinung, dass

---

[*] Mémoires de la société d'anthrop. de Paris. I. p. 434. Aus den an gleicher Stelle mitgetheilten Zahlen berechnet sich auch für die ägyptische Mumie genau das von uns gefundene Resultat.

die Dänen der Steinperiode den Südeuropäern sich anschliessen. Ebenso gehören die in der Schweiz und Deutschland gefundenen Gräberschädel, die von His als Holzbergtypus (Reihengräbertypus, Ecker) bezeichnet worden sind, hieher. Ihr Breitenwerth beträgt etwa 75 und sie heben sich deshalb scharf von der jetzt herrschenden Schädelform ab. Sie weisen unzweifelhaft auf einen Zusammenhang mit dem Süden hin, da, so viel wir wissen, dem Norden schmale Formen durchaus fremd sind.

Aus Amerika sind mir keine Mittelformen bekannt geworden. Zweifelsohne sind sie auch dort vorhanden, nur fehlt uns eben das gehörige Material. Uebrigens stehen die dort gefundenen breiten Formen denjenigen der Mittelzone sehr nahe.

Ein eigenthümlicher Gegensatz tritt zwischen Ost und West in dem Verhalten des Hinterhauptes zu Tage. Dort geht es von 58—64, hier von 63—70. In dieser Hinsicht schliesst sich also der Osten mehr an die stenocephale, der Westen mehr an die eurycephale Zone an. Mit der Verkürzung des Hinterhauptes verbindet sich in der Regel eine entschiedene Erhöhung des Vorderhauptes. Bemerkenswerth sind in dieser Hinsicht die Javanesen.

Die ungleiche Länge des Hinterhauptes liess diese Schädel bisher theils den brachycephalen, theils den dolichocephalen zuweisen.

Fassen wir zum Schlusse noch die einzelnen Striche zu einem Gesammtbilde zusammen, so muss vor allem als bemerkenswertheste und sicherlich überraschendste Thatsache die scharfe Scheidung der Formen in der alten Welt hervortreten. Der Gegensatz von Nord und Süd hat allen Ereignissen getrotzt. Afrika und Polynesien sind wesentlich von einer stenocephalen, Europa und Asien von einer eurycephalen Bevölkerung besetzt, und zwar nicht bloss so, dass dort die Durchschnittsbreite geringer ist als hier, sondern auch so, dass ausschliesslich dort in den einzelnen Individuen die absolut niedrigsten, hier die absolut höchsten Werthe ihre Vertretung finden. Mischung verschiedener Typen in stärkerm Maasse zeigt sich nur in Amerika, und zwar besonders im Süden, doch gestattet unser ärmliches Material keinen rechten Einblick in diese Verhältnisse.

Das Grundgesetz der Vertheilung findet wohl seine beste Begründung in folgender tabellarischer Zusammenstellung der untersuchten Völkerschaften.

	Stenocephale Zone.	Uebergangszone.	Eurycephale Zone
Afrika . .	Neger aus Congo, Angola, Benguela, Maravi, Mozambique, Sudan, Darfur. Kaffer, Hottentotte, Buschmann.	Aegyptische Mumie. (Berber?).	Guanche.
Polynesien	Neu-Holländer. Freundschafts-Insulaner. Neu-Caledonier. (Polynesier).	(Sandwich-Insulaner?) Papu, Alfuru.	
Amerika .	Grönländer. Paraguaraner. Schädel vom Sumidoiro. (Brasilianer?)		Indianer von Nordamerika. Sitkakane. (?) Caraibe. Puri. Botocude. Araukaner. (Alt-Peruaner, Aturo).

	Stenocephale Zone.	Uebergangszone	Eurycephale Zone
Asien...	Nicobare. Hindu. Malabare.	Javanese, Buggise, Macassare. Balinese, Madurese. (Einwohner der Sundainseln). Chinese, Siamese. Mahratte. Zigeuner.	Tartare, Baschkire, Burücte, Tunguse, Calmücke, Kirghise. Türke. Jude. (Korjäke, Jakute, Jukagire, Samojede, Tschude, Aleute, Kadjaker, Kamtschadale, Lesghi, Grusier, Tscherkesser).
Europa..		Däne der Steinperiode. Grieche. (Spanier, Portugiese, Italiener, Engländer, Wallache). Hohberger.	Schwede, Lappe, Finnländer. Russe, Kosak, Holländer, Graubündtner, Schweizer, Etrusker. Wende, Pole, Gallizier, Däne, Böhme, Slavonier.

VI. Ethnologische Bedeutung der Schädelform.

Wie hoch auch der Werth der Schädelform für die naturhistorische Beurtheilung des Menschen angeschlagen werden darf, für sich allein reicht sie zu einer solchen nicht aus. Dazu bedarf es der Gesammtheit aller Merkmale, die an dem menschlichen Typus hervortreten. Erst an dieser lässt sich auch wiederum ein Maasstab für die wahre Bedeutung der Schädelform gewinnen. Es liegt nicht in unserer Aufgabe, diesen Gesichtspunkt hier weiter zu erörtern; wir begnügen uns mit der Hervorhebung der allgemeinen Principien, wornach, wie wir glauben, das ethnologische Gewicht der Schädelform zu bemessen ist. Es dürfte diess um so nothwendiger sein, als die Ansichten darüber noch sehr getheilt sind, und der individuellen Ueberzeugung ein weiter Spielraum gelassen ist.

Beginnen wir gleich mit der Erörterung der Grundfrage, in welchem Verhältnisse die von uns gefundenen Schädelformen zu einander stehen, und ob in ihnen etwas gegeben ist, das auf eine specifische Verschiedenheit hinweist. Es liegt auf der Hand, wie folgenschwer der Entscheid in dieser Frage werden muss. Von grösster Bedeutung ist vor allem die Erfahrung, dass in der Reihe der Normalformen nirgends eine Unterbrechung auftritt, indem die Endglieder durch zahlreiche Mittelglieder vereinigt werden, und dass ferner jede Normalform nur der ideale Sammelpunkt einer Reihe individueller Bildungen ist, die häufig der Hauptreihe an Ausdehnung fast gleich kommt. Wir haben es mit Formen zu thun, die, nach verschiedenen Richtungen zu Gruppen geordnet, wie die Ringe eines Schuppenpanzers ineinanderhängen. Es ist deshalb ein eitles Beginnen, eine Scheidung vornehmen zu wollen, mag dieselbe den einzelnen Individuen, oder aber deren Gesellschaften, den Völkern, Rechnung tragen. Dort werden die Grenzen von diesen, hier von jenen überschritten werden; überall muss es sich zeigen, dass eine jede Form, mag sie engern oder weitern Kreisen angehören, mit allen übrigen unlösbar verkettet ist. Diese Continuität aller Schädelformen ist sicher eine bemerkenswerthe Thatsache, um so bemerkenswerther, als sie mit allen übrigen Gestaltungsverhältnissen des Menschen im Einklange steht. Reissen wir die Endglieder aus ihrem organischen Zusammenhange, so sind sie allerdings scharf geschieden und wer, wie diess genugsam geschieht, den Europäer nur dem Neger gegenüberstellt, dem ist es ein leichtes, die schönsten Schulbilder für die verschiedenen Menschenracen in klaren Zügen zu entwerfen; aber es sind eben Schulbilder, deren Umrisse von der Wirklichkeit schonungslos verwischt werden. Auch die Malaien sind Menschen, die in der Debatte über anthropologische Gesetze ein Wort mitzusprechen haben. Wir kommen demnach zu dem Schlusse, dass aus der Schädelform, trotz der Verschiedenheit, die sie in geschichtlichen Perioden aufweist, kein Moment zu einer durchgreifenden Raceneintheilung sich gewinnen lässt.

Suchen wir nach einer Erklärung für diese merkwürdige Thatsache, so bietet sich eine solche in doppelter Weise dar. Als erster Gedanke drängt sich wohl der auf, dass eben der menschliche Typus in der That ein einheitlicher und alle Verschiedenheit, wie bedeutend sie auch immer sich gestalten möge, die Folge einer secundären Umänderung sei. In diesem Falle wären alle besonderen Formen nur Varietäten ein und derselben Grundform, und die morphologische Verwandtschaft hätte einen sehr natürlichen genetischen Ursprung. Nicht minder berechtigt ist indessen auch die Vorstellung, es seien der Formen schon ursprünglich mehrere geschaffen worden, aber der anfängliche Gegensatz habe sich durch spätere Vermischung ausgeglichen. Die Mittelformen hätten hiernach die Bedeutung eigentlicher Mischformen. Es ist nicht zu läugnen, dass für beide Erklärungsweisen triftige Gründe sich beibringen lassen; ein positiver Entscheid ist aber undenkbar, so lange uns noch die Archive aus der Urzeit des Menschengeschlechts verschlossen sind. Nur die dort niedergelegten Documente können uns darüber Aufschluss ertheilen, welche Formen als die wahren Urformen zu betrachten sind, als die Wurzeln, aus denen der ästereiche Baum hervorgewachsen. Bildet die schmale Form den Ausgangspunkt oder die breite, oder sind beide nur Abzweigungen einer gemeinsamen Mittelform? Der Erörterung dieser Möglichkeiten wird man keineswegs entgehen können, und weigert man sich der Annahme mehrerer Wurzeln, so ist die Zahl der denkbaren Combinationen eine noch viel grössere. Der Hypothese eröffnet sich überall ein weites Feld. Bedeutsam ist jedenfalls der Umstand, dass der Einfluss von Jahrtausenden zu keiner vollständigen Nivellirung geführt hat, dass vielmehr die Hauptformen ihre bestimmten Bezirke festgehalten haben, aus denen freilich einzelne Individuen hervorschwärmen. Wer nur diese ins Auge fasst, der kann leicht dazu kommen, alle typischen Unterschiede überhaupt zu läugnen, aber er vergisst, dass kein Einzelnes Muster des Ganzen sein kann, dass ein Neger nicht der Neger, ein Europäer nicht der Europäer ist. Ebensowenig dürfen wir erwarten, überall die typische Form hervortreten zu sehen, und uns vermessen, aus der Form eines jeden Schädels jedesmal seine Herkunft ablesen zu können.

Die Anthropologie kümmert sich in der Regel weniger um die angeregten principiellen Fragen, als vielmehr darum, für jedes Individuum und jedes Volk eine Art von Signalement zu erhalten, vermittelst dessen es zu jeder Zeit und an jedem Orte sich erkennen liesse. Es erklärt sich diess aus den sehr begreiflichen Bestrebungen, die geschichtlich so vielfach getrübten Verwandtschaftsbeziehungen klar zur Anschauung zu bringen und an ihrer Hand die getrennten Völker und Stämme zu einer wohlgeordneten Familie zu gestalten. Man hat sich in dieser Beziehung oft den übertriebensten Erwartungen hingegeben; war es doch in vielen Fällen der letzte Nothanker, der Hülfe zu versprechen schien. Wie viele Enttäuschungen die Folge waren, ist bekannt genug. Sehen wir von dem bereits besprochenen Uebelstande ab, dass man vielfach die einzelne Beobachtung voreilig verallgemeinerte und damit Artenbilder schuf, die wohl dem Einzelnen, keineswegs aber dem Ganzen entsprechen, so liegt, wie ich glaube, die Ursache dieser nichts weniger als erfreulichen Erscheinung wesentlich darin, dass man den ethnologischen Begriff des Volkes, als einer in sich abgeschlossenen Einheit, zu wenig unterschied von dem morphologischen, ja dass man beide oft ohne weiteres geradezu identificirte und vielfach verwechselte. Vor allem thut demnach eine scharfe Sonderung dieser Begriffe noth. Als Volk im morphologischen Sinne kann uns nur die Summe derjenigen Einheiten gelten, die, unter den gleichen äussern Bedingungen entstanden, durch Gleichartigkeit der körperlichen Gestaltung sich auszeichnen, als Volk im ethnologischen Sinne dagegen der Verband aller derjenigen, die durch ein gemeinsames Interesse dieser oder jener Art, sei es ein reelles oder ein bloss ideelles, zusammengehalten werden. Dort sind die Bande der Zusammengehörigkeit unauflöslich, weil unabhängig von der Willkür der Individuen; hier ist in jeder Beziehung das entgegengesetzte der Fall. Das morphologische Element des Menschengeschlechtes ist ein durchaus anderes als das ethnologische, und es führt zu Irrthümern, wenn wir das eine schlechtweg aus dem andern abzuleiten suchen.

Es ist natürlich, dass häufig beide Arten der Gliederung zusammentreffen, und dann das morphologische Element auch die Bedeutung eines ethnologischen und umgekehrt besitzt; ja vielleicht dürfen wir geradezu annehmen, dass ursprünglich eine vollkommene Identität beider vorhanden gewesen sei. Gleichviel, wo und wie die erste Bildung von Menschen vor sich ging, jeder Mittelpunkt einer solchen, wenn deren mehrere vorhanden waren, musste eine gewisse Summe von Individuen erzeugen, die, unter gleichen äussern Bedingungen entstanden und auf die gleiche äussere Stellung angewiesen, nothwendigerweise zu einer morphologischen und ethnologischen Einheit, das heisst, zu einem Volke im weitesten Sinne des Wortes sich verbanden. Vollkommene Gleichheit der Individuen innerhalb der Grenzen individueller Schwankung war die Grundlage dieser Genossenschaft. Doch in dieser Art konnte sie unmöglich auf die Dauer bestehen; eine Differenzirung musste früher oder später eintreten, und damit war der Punkt erreicht, wo das ethnologische Volk in eine von derjenigen des morphologischen verschiedene Bahn einlenkte.

Gehen wir zunächst von einer einzigen morphologischen Grundlage aus, so wird eine solche durch natürliche Vermehrung wachsen und mälig sich ausbreiten. Je mehr diess geschieht, um so mehr bildet, wie in allen grossen Massen, die Neigung zu einer Gliederung und Spaltung sich aus. Die räumliche und geistige Entfernung der einzelnen Glieder von einander weckt und kräftigt die einem jeden eigenthümliche Besonderheit und lockert dadurch das ursprünglich allen gemeinsame Bande. Hat endlich nach Jahrhunderten und Jahrtausenden jeder Zusammenhang sich gelöst, so treffen wir die einzelnen Glieder unter ganz verschiedenartigen äussern und innern Verhältnissen als scharf umschriebene, wohlcharakterisirte Völker im ethnologischen Sinne des Wortes. Das morphologische Volk ist dabei unverändert geblieben, seine Theile haben die gemeinsame Grundform bewahrt, nur das ethnologische ist in mehrere Stücke zerfallen, deren ursprüngliche Zusammengehörigkeit vielleicht kaum noch in gemeinsamen Zügen der Sprache, Sitte u. s. w. sich verräth. Unter diesen Umständen ist die Differenzirung unbeschadet der allgemeinen morphologischen Gestaltung vor sich gegangen und durch die Gleichheit dieser letztern wird ihre secundäre Entstehung nachgewiesen. Die Sachlage wäre eine ausserordentlich einfache, wenn jeder derartige Vorgang unbehindert durch fremde Einflüsse sich zu vollziehen vermöchte, aber die morphologische Grundlage des Menschengeschlechts ist, wie wir wissen, eben nichts weniger als eine gleichartige. Erhebliche Unterschiede sind vorhanden, von denen es uns vor der Hand gleichgültig sein kann, ob sie primärer oder secundärer Natur seien. Auch im letztern Falle werden sie, einmal entwickelt, die Rolle von Mittelpunkten übernehmen, den Hauptästen gleich, die, in gemeinsamen Stamme wurzelnd, selbst wieder zu Stämmen neuer Aeste und Zweige werden. Indem ein jeder morphologisch die Bedeutung eines einheitlichen Volkes gewinnt, kann er als solcher später nicht bloss ethnologisch sich spalten, sondern auch Beziehungen zu seinen Nachbarn anknüpfen. Kreuzungen der mannigfaltigsten Art können auftreten und neue ethnologische Elemente hervorbringen. Hierbei erfolgt entweder eine Ausgleichung der allgemeinen morphologischen Gegensätze durch Entstehung von Mischformen, oder aber sie erhalten sich mehr oder weniger rein nebeneinander. Wie viele Combinationen in dieser Richtung möglich sind, wie viele weitere Spaltungen und Kreuzungen ihren Einfluss zur Geltung zu bringen vermögen, ergiebt sich von selbst. Jede neue Combination führt zu einer neuen Verwicklung und Vermengung morphologischer und ethnologischer Elemente, deren Entfaltung demnach keine parallele sein kann. Es ist fehlerhaft, aus der einen die andere erschliessen zu wollen. Die Annahme, dass Völker, die ethnologisch verschieden sind, diess auch morphologisch sein müssen, ist ebenso ungerechtfertigt, als die Meinung, dass innerhalb einer ethnologischen Gruppe unter allen Umständen morphologische Gleichheit herrsche.

Man hat vielfältig versucht, die verknäuelten Fäden an der Hand der Geschichte zu lösen, und wiederholt ist es gelungen, den Parallelismus scheinbar divergenter Gestaltungen nachzuweisen so wie auch dem Anscheine nach Gleichartiges in ungleichartige Bestandtheile zu zerlegen. Ob aber damit für die Morphologie des Menschengeschlechtes Wesentliches gewonnen ist, muss erst durch die Zukunft festgestellt werden; denn was will die kurze Spanne Geschichte bedeuten gegenüber den ungezählten Jahrtausenden, die zweifelsohne über das Menschengeschlecht dahingegangen und deren dunklen Schleier noch keine Hand gelüftet. Alle Factoren, mit denen wir arbeiten, sind ja bereits das Resultat langer Rechnungen, deren Ansätze uns vor der Hand gänzlich unbekannt sind. Für die morphologische Anthropologie möchte es deshalb am gerathensten sein, nicht allzusehr von der Ethnologie sich beeinflussen zu lassen, sondern unabhängig von ihr die reinen morphologischen Thatsachen zu sammeln und wo möglich zu einem organischen Ganzen zu vereinigen.

Es ist nun freilich nicht so leicht, dieser Forderung nachzukommen. Die morphologischen Elemente haben bekanntlich die Fähigkeit, sich zu individualisiren und auf gleicher Grundlage zu verschiedenen Formen sich zu gestalten. Wo ist unter solchen Umständen die Grenze und der Umfang eines jeden zu finden? Was ist als wirklicher und ächter Typus zu betrachten? His[1]) hat bereits betont, dass für die Aufstellung eines solchen kein einzelnes Merkmal dürfe verwendet werden, dass vielmehr nur eine Gesammtheit von Merkmalen als charakteristisch für denselben zu betrachten sei. Die Richtigkeit dieses Satzes ist zweifellos, nur hilft es uns leider nicht aus der Verlegenheit; denn die gleiche Schwierigkeit, ein bestimmtes Moment zu finden, wiederholt sich in gleicher Weise bei der Aufstellung eines ganzen Complexes von Merkmalen, die in der mannigfaltigsten Weise sich kreuzen. Gerade denjenigen den Vorzug zu geben, gewisse Merkmale im Extreme besitzt, möchte nicht immer gerathen sein, da wir sicherlich in vielen Fällen von dem wahren Typus gerade auf diesem Wege am weitesten abgeführt werden. Jeder Typus ist der Mittelpunkt einer ganzen Reihe individueller Gestaltungen, die nach allen Richtungen auseinanderlaufen. In ihm heben sich die Gegensätze auf, die um so schärfer zu Tage treten, je weiter sie von ihm abliegen und dadurch dem Antagonismus der entgegengesetzten Form entzogen sind. Bestimmen wir nur die Typen nach den hervorragendsten Merkmalen, so erhalten wir gerade die Endpunkte der ganzen Reihe zu diesem Range, und fassen als Stamm auf, was nur Abzweigung von mehr oder weniger individueller Bedeutung ist. Der wahre Typus hingegen, in dem die Gegensätze sich verwischen, sinkt zu einer bedeutungslosen Mischform herab, und er, der ein ideales Bindeglied getrennter Formen darstellen sollte, wird zu einem Princip der Trennung und Zerreissung zusammengehöriger Dinge. Die regelmässige Wiederkehr einer bestimmten Form bietet keineswegs eine Garantie für ihre höhere Bedeutung; denn eine solche kann leicht innerhalb gewisser Grenzen mit Vorliebe sich entwickeln und doch nur das Besondere von etwas Allgemeinem sein. Streng genommen setzt sich ja jeder allgemeine Typus aus einer Anzahl derartiger besonderer Typen zusammen, die ihre volle Berechtigung haben, so bald sie als jenem untergeordnet erkannt werden. Sicher finden sich nirgends so ausgeprägte besondere Typen wie in dem Menschengeschlechte; sie bedingen die Familienähnlichkeit, die zu einer Stammähnlichkeit werden und so in einem grösseren Gebiete Parzellirungen bedingen kann. Ich will deshalb auch gar nicht in Abrede stellen, dass innerhalb ein und derselben Grundform des Schädels Stammesunterschiede sich finden, die von Generation zu Generation sich forterben. Aber eine höhere typische Bedeutung besitzen dieselben nicht; sie haben nur einen ethnologischen, nicht einen allgemein morphologischen Werth; sie sind nur Eigenthum der Individuen. Ebensowenig als das hervorstehende Merkmal darf die reichere Vertretung als Kennzeichen des wahren Typus betrachtet werden. Ich sehe nicht ein, weshalb Seitenglieder der Abänderungsreihe auf geeignetem Boden in der Entwicklung weniger begünstigt werden sollen, wie das Mittelglied, und ich theile deshalb in diesem Punkte nicht ganz die Meinung von His. Auch sonst verdrängen oft genug Varietäten die Grundform.

[1] Archiv f. Anthropologie.

Alles zusammengenommen wird es stets mehr oder weniger auf die individuelle Anschauung, auf den Tact des Einzelnen ankommen, wo er scheiden, wo er verbinden will. So gut ein Botaniker ein halbes Hundert Arten annimmt, wo ein anderer mit einem halben Dutzend ausreicht, so gut wird dies auch in der Aufstellung menschlicher Typen der Fall sein. Namentlich aber wird der Weg der Forschung immer in zwei entgegengesetzten Richtungen verlaufen, indem der eine von dem Allgemeinen zum Besondern, der andere vom Besondern zum Allgemeinen fortschreitet. Haben wir ein Recht, den einen als den allein richtigen, den andern als den irrigen zu bezeichnen? Gewiss nicht. Meines Erachtens ist die erstere Methode die lohnendere, weil sie die ungefüge Masse zuerst in allgemeine Umrisse und Proportionen bringt, die dann freilich noch im besondern des Ausfeilens und des Ausarbeitens bedürfen. Die letztere Methode wird es kaum vermeiden können, viele Zeit und Mühe unnütz auf Detail zu verwenden, das später keine Stelle im Ganzen findet und unter den wuchtigen Hammerschlägen der leitenden Grundgesetze zusammenbricht. Der Kampf ums Dasein wird sicher schliesslich das Beste thun und die natürliche Auswahl das Richtige gross ziehen, das Unrichtige der Zerstörung anheim geben.

Aus dem Gesagten geht hervor, dass die Stellung der Anthropologie gegenüber den Schädelformen eine ausserordentlich schwierige ist. Es fehlen ihr zu deren Beurtheilung im Grunde fast alle Anhaltspunkte. Die Sicherheit, mit der die historische Anthropologie auftritt, ist mehr eine scheinbare, als eine wirklich erprobte. Die gemachten Erfahrungen sprechen eher zu ihren Ungunsten als zu ihren Gunsten. Wie schwankend der Boden ist, beweist schon die Uneinigkeit, die häufig in der Deutung der gleichen Thatsachen unter zuverlässigen Forschern herrscht. Nicht geringe Schuld trägt freilich auch das Bestreben, die Deutung in allzu enge Grenzen zu bannen. Hat man bei irgend einem Volke eine bestimmte Schädelform erkannt, so muss jede ähnliche, wo sie zur Erscheinung kommt, demselben Volke angehören, als ob jedes ethnologische Glied seinen besondern Kopf haben müsste. Meiner Meinung nach kann in einem solchen Falle höchstens die Gleichheit der Wurzel, weiter aber nichts abgeleitet werden. Jedenfalls genügt die Vergleichung von ein oder zwei Schädeln nicht, wo es sich nicht gerade um sehr verschiedene Formen handelt, und das ist innerhalb der europäischen Culturvölker, die meistens den Gegenstand der Untersuchung bilden im allgemeinen nicht der Fall. Wären wir nur wenigstens sicher, dass die sogenannten typischen Formen auch wirklich constant sind, und dass ihr Vorkommen überall auf die gleiche Herkunft zu beziehen ist. Von einer derartigen auf Erfahrung begründeten Gewissheit sind wir aber noch weit entfernt. Wir müssen noch erst die Thatsachen sammeln, welche uns die Beziehungen zwischen der Schädelform und der geschichtlichen Entwickelung des Menschengeschlechts aufdecken. Die regelmässige Wiederkehr gewisser Formen während zwei Jahrtausenden beweist noch nichts für deren Constanz, besonders wenn es sich um Ornamentik handelt, die überhaupt nur in beschränktem Masse abändert. Von rein morphologischer Seite hat die Annahme allerdings viel verführerisches, dass die Gleichheit der Schädelform auch als eine Gleichheit der Herkunft zu deuten sei. Nichts destoweniger werden wir vor der Hand besser thun, mit der Hervorhebung dieser Aehnlichkeit uns zu begnügen und die Schlussfolgerungen der Zukunft zu überlassen. Ich habe es deshalb absichtlich vermieden, aus der Aehnlichkeit der Schädelformen eine innere Verwandtschaft abzuleiten. Ich habe mich vielmehr damit begnügt, die reine morphologische Thatsache fest zu stellen. Für die Geschichte der Organisation und gerade für die höchsten Fragen der Anthropologie werden diese immer ihre Bedeutung haben, auch wenn die Ethnologie ziemlich leer dabei ausgeht. Sollte es aber jemals gelingen, die körperliche und geistige Entwicklung des Menschengeschlechts in ihrem innern Causalnexus zu erfassen, und geschähe es auch nur für die Hauptgruppen, so läge hierin ein folgenreicher und preiswürdiger Fortschritt. Mag auch ein derartiger Erfolg noch lange auf sich warten lassen, schon darin, dass früher getrennte Wissenschaften sich nunmehr im Streben einig fühlen, dass Forscher der verschiedensten Richtungen jetzt in einträchtigem Bewusstsein das gleiche Ziel verfolgen in dem Gefühle eigener Unzulänglichkeit und gegenseitiger Hülfsbedürftigkeit, liegt ein grosser und kaum hoch genug zu schätzender Gewinn!

VII. Schädelform der Affen.

Die Schädelform der Affen bietet schon an und für sich bei der reichen Gliederung in der Organisation dieser Thiergruppe ein nicht gewöhnliches Interesse; es wird aber noch wesentlich gesteigert durch die innern Beziehungen, in denen sie zu der höchsten Form, derjenigen des Menschen, steht. Ist diese ein Glied der allgemeinen Formenkette, so kann sie nur durch Vergleichung mit ihren Nachbarn richtig erfasst und gewürdigt werden. Solches in etwas schärferer und genauerer Weise durchzuführen, als es im allgemeinen bisher geschehen ist, dürfte wohl an der Zeit sein, zumal mehr und mehr die Tendenz sich geltend macht, auch von dieser Seite die Schranken, welche man bis jetzt um den Menschen zog, niederzureissen und das Charakteristische seiner Bildung entweder als höchst geringfügig oder geradezu imaginär darzustellen. Ich glaubte dabei, den Kreis über die sogenannten Anthropomorphen, den Orang, den Gorill und Chimpanze hinaus erweitern zu sollen, um auch deren Stellung gegenüber ihren Verwandten zur klaren Anschauung zu bringen. Nur so lässt sich ein Urtheil darüber gewinnen, in wie fern die ihnen erwiesene Auszeichnung eine verdiente ist. Ich konnte freilich nicht daran denken, diese Aufgabe in erschöpfender Weise zu lösen; ich musste froh sein, mit Hülfe des mir zu Gebote stehenden Materiales wenigstens einige Hauptpunkte besprechen zu können. Ich untersuchte Arten von Chrysothrix und Cebus aus der neuen, solche von Cynocephalus, Cercopithecus, Semnopithecus, Colobus, Hylobates aus der alten Welt. Ausserdem hatte ich Gelegenheit, von Halbaffen Stenops, Perodicticus und Otolicnus, wenn auch nur in einzelnen Exemplaren, zu vergleichen. Da der Grundplan des Affenschädels mit demjenigen des Menschen übereinstimmt und beide nach den gleichen Principien erforscht wurden, so mögen auch hier die Resultate in der bisherigen Weise zusammengestellt werden, um den allgemeinen Schlussfolgerungen als Unterlage zu dienen. Wir werden uns dabei auf das Wichtigste beschränken.

A. Schädelebenen.

1 Medianebene (M)

Der wesentliche Charakter der Medianebene wird im Affenschädel durch die geringere Entwicklung des Hirn- und die stärkere Ausbildung des Gesichtsschädels bedingt. Im übrigen herrscht sowohl zwischen den verschiedenen Gattungen, als auch zwischen den verschiedenen Arten ein und derselben Gattung, zumal in der Gestaltung des Gesichtes, eine grosse Mannigfaltigkeit, welche schon der oberflächlichen Betrachtung nicht entgeht. Die entschieden thierischen Formen der Hundsköpfe reichen durch eine vielgliedrige Kette bis an die menschenähnlichen Bildungen der kleinen amerikanischen Affen.

a. Hirnschädel.

Die für die Aufnahme des Gehirnes bestimmte Schädelkapsel ist überall in unverkennbarer Weise gestreckt. Die Höhe hat sich im Vergleiche zum Menschen wesentlich verringert, und der Kopf erscheint demnach wie von oben nach unten zusammengedrückt. Seine Durchschnittslinie ist weit flacher gezogen, das von ihm umschlossene Oval auffällig niedriger. Immer fällt die grösste Höhe über das hintere Ende der Grundlinie, je nach dem Verhalten des Hinterhauptes etwas weiter nach vorn oder hinten. Nirgends kommt sie der Grösse der Grundlinie gleich oder vermag sie gar zu übertreffen. Am bedeutendsten ist sie bei Hylobates und beim Orang, sehr ansehnlich bei den genannten Amerikanern, am geringsten bei Cynocephalus und Colobus, die kaum über die Halbaffen sich erheben und sicherlich die unterste Stufe des eigentlichen Affentypus darstellen. Eine keineswegs hervorragende Stelle gebührt dem Gorill, welcher der obersten Stufe der wahren Affen um nichts näher steht als der untersten. Die Höhenverhältnisse sind folgende:

Hylobates fuscus (Mus. Berol.) . . . . 95.
Pithecus satyrus (Geoff.) . . . . 96.
Chrysothrix sciurea (Wagn.) . . . . 95.
Cebus cirrifer (Wied.) . . . . 89.
Troglodytes niger (Geoff.), Cebus apella (Erxl.), Semnopithecus maurus (Desm.) . . 87.
Inuus cynomolgus (Wagn.) . . . . 85.
Macacus silenus (Desm.) . . . . 83.
Pithecus Gorilla, Cynocephalus babuin (Desm.) . . . . 62.
Semnopithecus nasicus (Cuv.), Cercopithecus sabaeus (Erxl.) . . 80.
Cynocephalus sphinx (Ill.) . . . . 69.
Colobus guereza (Wagn.) . . . . 68.
Stenops gracilis (Kuhl.) . . . . 67.
Stenops Kukang . . . . 55.
Otolicnus crassicaudatus (Geoff.) . . . . 56.
Perodicticus Potto (Wagn.) . . . . 51.

Sehen wir von den Halbaffen ab, so beträgt der Unterschied in der Höhe volle 30°, welche durch Zuziehung jener auf 47 gesteigert werden. Es besitzt mithin Hylobates nahezu den doppelten Werth von Perodicticus und übertrifft auch Colobus noch beinahe um die Hälfte. Besonders verdient das Verhalten der Anthropomorphen hervorgehoben zu werden; am schlechtesten kommt der Gorill weg, und Troglodytes steht ihm näher als dem Orang.

Sehr verschieden nacht sich der Schädel von dem Punkte der grössten Erhebung nach vorn und nach hinten ab. Dort ist die Abnahme der Höhe stets beträchtlicher als hier und sie erfolgt ausserdem so rasch, dass es nur ausnahmsweise zur Bildung einer wahren Stirn kommt. Meist ist diese so abschüssig, dass ihr unterster, die Basilarebene schneidender, Punkt am weitesten vorsteht. Ihr Umriss ist bei niedrigen Schädeln flach (so bei den Halbaffen, bei Colobus und bei dem Pavian), bei höhern wölbt er sich stärker und zwar in einzelnen Fällen so stark, dass seine Mitte über den Fusspunkt hinaustritt. In der Beziehung verdienen Cebus und Hylobates Erwähnung. Wohl zu unterscheiden ist hiervon das Vorragen eines massiven Supraorbitalwulstes, durch welchen die Gleichmässigkeit der Stirnlinie unterbrochen und ihr Bogen winklig geknickt wird. Eine derartige Bildung fehlt den eben genannten, sowie auch Chrysothrix und Colobus; kaum angedeutet ist sie bei dem Orang, stärker entwickelt bei Cercopithecus. Durch Cynocephalus und Troglodytes erhebt sie sich stufenweise zu dem Gipfelpunkte ihrer Gestaltung, dem die Physiognomie des Gorillschädels jenes eigenthümlich Wilde und Rohe verdankt.

Wichtig ist das Verhalten des Hinterhauptes. Seine Länge schwankt in gleichem Maasse wie die Höhe des Schädels, ohne jedoch nach letzterer sich zu richten. In dem hochschädeligen Orang ist sie nicht bedeutender als in dem flachköpfigen Colobus; sein Entwicklungsgang ist ein durchaus selbständiger. Ordnen wir nach ihm die Schädel, so erhalten wir:

Länge des Hinterhauptes.

Perodicticus Potto . . . . 0.
Stenops Kukang . . . . 8.
Otolicnus . . . . 10.
Stenops gracilis . . . . 12.
Colobus, Pithecus satyrus . . . . 13.
Cynocephalus sphinx . . . . 16.
Pithecus Gorilla . . . . 18.

Länge des Hinterhauptes

Cynocephalus babuin	21.
Troglodytes	23.
Macacus silenus	25.
Semnopithecus ansicus	26.
Cercopithecus sabaeus	27.
Semnopithecus maurus, Hylobates	30.
Inuus cynomolgus	33.
Cebus apella	36.
Cebus cirrifer	41.
Chrysothrix	43.

Wir sehen hier die Reihe von einem unter der niedrigsten Stufe des Menschen liegenden Punkte allmälig bis auf Null herabsinken. Den ersten Rang nehmen die Amerikaner ein, während auffälligerweise gerade diejenigen, die man sonst am höchsten zu stellen pflegt, und unter ihnen besonders Orang und Gorill, eine sehr untergeordnete Rolle spielen. Der Charakter des hintern Schädelendes wird durch denjenigen des Hinterhauptes bedingt. Die Kürze des letztern macht es flach und lässt es in scharfer Kante an den Scheitel sich anschliessen; zunehmende Länge wölbt es vor und erzeugt jene gerundeten Formen, die einigermassen an den Menschen erinnern. Die grosse Niedrigkeit und Schmalheit des ganzen Kopfes verleitet übrigens leicht zu falschen Urtheilen.

Die geringe Entwicklung des Hinterhauptes verlegt das foramen magnum weit nach hinten, unter Umständen sogar so sehr an das Ende des Schädels, dass sein Rand zu dessen hervorragendsten Punkte wird. Dabei verändert sich seine Richtung in der Weise, dass mit der Kürze des Schädels seine Steilheit zu-, mit der Länge dagegen abnimmt. Jene erhöht deshalb, einige Störungen abgerechnet, den Werth der Ordinate, diese den der Abscisse, wie aus folgender Zusammenstellung hervorgeht:

	Länge d. Hinterhauptes.	Länge des f. m.	Höhe des f. m.
Perodicticus	0.	5.	20.
Otolicnus	10.	12.	12.
Pithecus satyrus	13.	22.	32.
Colobus	13.	16.	18.
Cynocephalus sphinx	16.	16.	19.
Pithecus Gorilla	18.	23.	22.
Troglodytes	23.	25.	23.
Cercopithecus sabaeus	27.	18.	19.
Cercopithecus maurus	30.	25.	21.
Hylobates	30.	20.	23.
Cebus apella	36.	20.	16.
Chrysothrix	43.	21.	14.

Die letzten Glieder der Reihe nähern sich dem menschlichen Typus, ohne ihn jedoch vollständig zu erreichen. Das steilste Hinterhauptsloch des Menschen (Länge 31, Höhe 20 beim Sandwichinsulaner und Mozambiquenenger) liegt noch immer der Horizontalebene näher als das wenigst steile des Affen (Chrysothrix). Namentlich halten Orang, Gorill und Chimpanze gar keinen Vergleich aus.

b. Gesichtsschädel.

Die stärkere Entwicklung des Gesichtes macht sich in doppelter Weise geltend, durch eine horizontale Verschiebung nach vorwärts und durch eine verticale nach abwärts. Sie ist nicht bloss eine relative, durch Schwäche des Hirnschädels bedingte, sondern eine absolute. Im Gegensatze zum menschlichen Typus ist vor allem wichtig, dass hier das Gesicht ausnahmslos das vordere Ende der Grundlinie überragt. Am wenigsten ist es bei Chrysothrix mit 105, am stärksten beim Orang mit 148 der Fall. Letzterem steht der Gorill mit 127 bedeutend nach, doch ist dabei zu berücksichtigen, dass die beiden untersuchten Exemplare Weibchen waren; Männchen müssten, wie mich Gypsabgüsse belehrten, weit höhere Werthe geben. Ungleich grösser sind die Unterschiede in der verticalen Verschielung, indem sie zwischen 36 (Perodicticus) und 126 (Cynocephalus) schwanken. Diese Grenzpunkte scheinen übrigens nur ausnahmsweise erreicht zu werden; die Mehrzahl der Fälle hält sich innerhalb derselben, zwischen 50 und 80. Aehnlich verhält sich, wenn auch keineswegs streng, die Höhe des hintern Gesichtsendes ·P², welche durchschnittlich ⅔ der Kieferhöhe beträgt. Das stärkere Hervortreten des Gesichtes beruht nicht bloss auf einem bedeutenderen Längenwachsthum, sondern auch auf einer wirklichen Verschiebung. Zeugniss hierfür liefert die weit nach vorn gerückte Lage des hintern Gaumenrandes. Diese fällt stets vor die Mitte der Grundlinie, während sie auch im prognathesten Menschenschädel noch ansehnlich dahinter bleibt. Sie beginnt bei den wahren Affen mit 52 bei Cynocephalus und endet mit 64 beim Orang. Dem Vortreten des Oberkiefers folgt sie übrigens nicht ganz getreu, doch wüsste ich dafür keine bestimmte Regel aufzustellen.

Eigenthümlich ist das Verhalten der Nase. Sie ist nicht länger als im Menschen und bleibt deshalb, während sie dort den Oberkiefer überragt, mit einer einzigen Ausnahme (Chrysothrix), hinter ihm zurück, hierauf beruht das eigenthümlich platte Gesichtsprofil der Affen, das sogar tief concav werden kann (so beim Chimpanze und Orang). Ihre Höhe ist veränderlich, richtet sich aber im Ganzen nach derjenigen des Gesichtes. In die Stirn geht die Nase fast überall ohne Spur eines Absatzes über und nur beim Gibbon fand ich eine leichte Einsenkung.

Von der Stellung des Kiefergelenkes kann ich bloss sagen, dass sie eine ziemlich veränderliche sei; am weitesten nach vorn rückt sie bei einigen Halbaffen. Sonst unterscheidet sie sich nicht wesentlich von derjenigen des Menschen.

2. Frontalebenen.

Die Frontalebenen des Affen verhalten sich im ganzen wie diejenigen des Menschen, doch sind die Krümmungsverhältnisse ihrer Umrisse andere. Grössere Eigenthümlichkeit zeigt nur die vordere, die weniger in den Hirnschädel als in den Gesichtsschädel fällt.

a. Hintere Frontalebene. (F. p.)

Der Querschnitt des hintern Schädelendes ist durch die Regelmässigkeit seiner Form ausgezeichnet. Einige Schwierigkeit bietet nur die Bestimmung der grössten Breite, da namentlich bei grössern Affen die wahren Formverhältnisse durch Auflagerung beträchtlicher Knochenmassen in der Ohrgegend verdeckt werden. Ich habe zwar so viel als möglich versucht, letztere ausser Rechnung zu bringen, nichts destoweniger möchte noch manche der erhaltenen Zahlen (z. B. beim Orang) zu hoch sein. Hierauf namentlich dürfte es auch beruhen, dass nur bei einigen kleineren Affen (Cebus, Hylobates, Chrysothrix) die Seitenfläche über den Fusspunkt sich hinauswölbt, während sie sonst bisweilen eine Strecke weit senkrecht über ihm aufsteigt, um dann sofort der Medianebene sich entgegen zu biegen. Abgesehen hiervon ist die grösste Breite nicht unbeträchtlichen Schwankungen je nach den Arten unterworfen.

	Grösste Breite.
Otolicnus, Stenops Kukang	37.
Perodicticus	38.
Stenops gracilis	44.
Colobus	46.

	Grösste Breite.
Cynocephalus sphinx	47.
Cynocephalus babuin	52.
Cercopithecus, Cebus sp., Gorilla	53.
Semnopith., Cebus cirrifer, Inuus	54.
Macacus	55.
Troglodytes, Chrysothrix	56.
Hylobates	60.
Pith. satyrus	63.

Bei den wahren Affen beträgt die Schwankung 17, mit Einschluss der Halbaffen erhebt sie sich auf 26. Für die Mehrzahl der gemachten Beobachtungen ist diese Grenze eine viel engere. Der Mittelwerth, von dem einerseits die beiden Endwerthe gleich weit abstehen, und dem andererseits die meisten Werthe sehr nahe rücken, beträgt 54. Nicht unwichtig ist noch der Umstand, dass die äussere Ohröffnung überall in der Basilarebene sich befindet, während sie im Menschenschädel stets darüber liegt.

b. Mittlere Frontalebene. (F. m.)

Die Verschmälerung des Hirnschädels nach vorn scheint allen Säugethieren eigen zu sein. Bei den Affen kommt ihr ungefähr das Maass des Menschen zu. Nur in Hylobates habe ich sie einer Verbreiterung (um 3°/₀) Platz machen sehen. Dadurch gewinnt dieser schon im Hinterhaupte stark entwickelte Schädel einen ansehnlichen Vorsprung vor allen andern. Nach ihm gehört die grösste Breite Chrysothrix mit 51, die geringste Cynoceph. mit 40, Gorilla mit 41 und Colobus mit 43 an. Alle übrigen reihen sich zwischen 46 und 51, während die Halbaffen bis auf 27 heruntergehen. Mithin herrscht keineswegs Parallelismus mit der hintern Ebene. Besonders wird dem Gorill und dem Orang ein viel tieferer Rang zugewiesen, und es dürfte diess weniger mit einer stärkern Verschmälerung, als mit der erwähnten Knochenwucherung in Verbindung zu bringen sein. Fast ausnahmslos rückt der Fusspunkt unter die Grundlinie (um 3 bei Chrysothrix, 6 bei Cebus, 11 bei Cynoceph. und beim Orang). Die geradere Streckung der Schädelbasis findet hierin einen Ausdruck.

Bei dem Jochbogen begnüge ich mich mit dem Hinweise, dass er sich durchaus unabhängig von der Hirnkapsel verhält und dass er letztere meistens seitlich beträchtlich überragt (bei Gorilla um 30, beim Orang sogar um 40). Seltener hält er sich in engern Schranken, wie bei Chrysothrix und Hylobates, wo er seitlich kaum oder gar nicht vortritt.

c. Vordere Frontalebene. (F. a.)

Die geringe Entwicklung des Vorderhauptes lässt diese vorderste Ebene für den Hirnschädel kaum von Belang werden. In jedem Falle ist es nur ein kleiner Theil, der davon betroffen wird. Der Mangel einer wahren Stirn tritt hier am schärfsten zu Tage. Die grösste Breite gehört auch nicht ihr, sondern dem Gesichte an, und wird daraus erklärlich, dass in ihr gegenüber derjenigen der mittlern Ebene in der Regel ein Zuwachs eintritt. Selten nur bleibt ein solcher, entsprechend der schwachen Gesichtsbildung, aus (Cebus, Hylobates und besonders Chrysothrix). Meist unterscheidet sich die Breite wenig oder gar nicht von derjenigen der hintern Frontalebene; dem Affen fehlt die dem Menschen eigenthümliche keilförmige Verjüngung des Schädelgrundes nach vorn.

Die Breite der Kiefer hat für uns kein Interesse. Ausserordentlich verschieden ist diejenige der Augenscheidewand. Der Abstand des Thränenbeins von der Medianebene beträgt z. B. bei Troglodytes und Hylobates 12, bei Gorilla 11, beim Orang 9, bei Cebus 6, bei Chrysothrix nur 4. Die Augen stehen also überall näher beisammen als beim Menschen.

d. Gemeinsame Eigenschaften der Frontalebenen.

Bei einer Vergleichung der Frontalebenen müssen wir die vorderste ausschliessen, da ihr Hauptgewicht ja nach einer ganz andern Seite fällt und den Hirnschädel in keiner Weise charakterisirt. Bei den beiden übrigen macht sich ein gemeinsames Verhalten in augenfälliger Weise bemerklich. Schon beim Menschen haben wir hervorgehoben, wie bedeutsam im Schädel das Verhältniss der Höhe zur Breite sei, und darin wesentliche Differenzen auftreten sehen. Hier herrscht überall das gleiche Gesetz, indem der Querdurchmesser entschieden im Vortheil gegenüber dem Höhendurchmesser sich befindet, und zwar in ungleich stärkerem Maasse als beim Menschen (s. o. p. 27).

	F. p.			F. m		
	Breite.	Höhe.	Diff.	Breite.	Höhe.	Diff.
Hylobates	120.	101.	19.	126.	103.	23.
Pithecus satyrus . . .	125.	96.	29.	97.	99.	—2.
Chrysothrix	112.	96.	16.	108.	91.	11.
Cebus cirrifer	102.	90.	12.	96.	88.	8.
Cebus apella	106.	87.	19.	96.	85.	11.
Troglodytes	112.	87.	25.	98.	87.	11.
Semnop. Maurus	108.	85.	23.	97.	77.	20.
Inuus	109.	84.	25.	98.	86.	12.
Macacus	110.	86.	24.	103.	86.	17.
Pithecus Gorilla . . .	105.	86.	19.	82.	86.	—4.
Cynoceph. babuin . . .	103.	83.	20.	93.	83.	10.
Semnop. nasicus . . .	109.	78.	31.	94.	76.	18.
Cercop. sabacus . . .	106.	83.	23.	97.	83.	14.
Cynoceph. sphinx . . .	95.	69.	26.	79.	71.	8.
Colobus	93.	69.	21.	86.	70.	16.

Ich habe der Höhe von F. m. in dieser Tabelle überall die für p unter die Grundlinie fallende Grösse beigefügt, um eine derjenigen des Menschen analoge Zahl zu erhalten. Das Missverhältniss der beiden Durchmesser ist durchgehends nach hinten am grössten. Wie dasselbe zu verwerthen ist, soll später besprochen werden.

B. Gesammtform des Affenschädels.

Es ist nicht zu läugnen, dass der Schädel der Affen, auch wenn wir von demjenigen der Halbaffen absehen, in seiner Gesammterscheinung viel mannigfaltiger ist, als derjenige des Menschen. Jeder seiner Haupttheile kann verhältnissmässig innerhalb weiterer Grenzen sich verschieben, und es ergiebt sich daraus eine grössere Zahl möglicher Combinationen. Namentlich bildet das Gesicht ein bedeutendes Moment. Um die wahre Natur des Schädels zu erkennen reicht es jedoch nicht hin, die gegenseitigen Beziehungen seiner beiden Haupttheile zu beachten, und die noch neulich von Giebel aufgestellte Behauptung, dass eine Vergrösserung des Gesichtsschädels gleichbedeutend sei mit einer Verkleinerung des Gehirnschädels, ist keineswegs stichhaltig. Eine derartige Auffassung wäre nur dann gerechtfertigt, wenn die Grösse ihrer Summe, das heisst der ganze Schädel, stets als gleichwerthig dürfte angenommen werden. Das ist aber ebenso wenig als bei der Länge und Breite der Hirnkapsel der Fall. Die Verhältnisszahl von Gesichts- und Hirnschädel giebt keinen Ausdruck für deren eigene Entwicklungsgrösse. Sie gestattet keinen unmittelbaren Vergleich, da dasselbe Endziel auf sehr verschiedenen Wegen sich erreichen lässt. Dass zum Beispiel das Gesicht des Gorilla grösser ist als dasjenige des Menschen, das beweist noch lange nicht die geringere Grösse seines Gehirnschädels; der könnte sogar denjenigen des Menschen übertreffen. Ebensowenig darf aus der Kleinheit des menschlichen Gesichtes allein auf eine höhere Stellung seines Hirnschädels geschlossen werden. Es kann ein und dasselbe Element mit verschiedenen andern sich verbinden; das Resultat wird immer eine Einheit, aber sein Werth nicht immer der gleiche sein. Ueberhaupt können zwei Grössen, die beide unbekannt sind, nicht zur gegenseitigen Werthbestimmung benutzt werden. Wir lernen sie nur dann verstehen, wenn wir an beide die gleiche Einheit als Maassstab legen und die so gewonnenen Resultate mit einander vergleichen. Die Reduction auf eine einfache Grundlinie giebt uns den geforderten Ausdruck für die Entwicklung der einzelnen Schädeltheile.

Im ganzen ist die Anschauung richtig, dass ein Schädel in der allgemeinen Formenreihe um so höher stehe, je mehr sein Gehirntheil den Gesichtstheil überwiegt, weil solches meist auf der Grösse des dem Gehirne zugewiesenen Raumes beruht. Dieser muss zunehmen in dem Maasse, als er sich von einer gegebenen Basis aus gleichmässig nach allen Richtungen erstreckt. Wir sehen, dass in dieser Hinsicht bei den Affen Höhe und Breite parallel gehen, wenigstens im allgemeinen, dass dagegen die Länge sich unabhängiger verhält. Wir haben hohe und breite Schädel mit langem Hinterhaupte (Chrysothrix) und ohne ein solches (Orang). Jene müssen unbedingt als die höheren, als die morphologisch und folglich auch physiologisch vollkommeneren betrachtet werden. Wir finden nun durchgehends, dass nicht die Schädel der sogenannten Anthropomorphen dieses höhere Maass der Vollkommenheit an sich tragen, sondern eine Reihe kleinerer Formen. Der Vorrang gebührt ohne Widerrede Hylobates und Chrysothrix, denen entschieden Cebus mit etwas geringerer Höhe und Breite, aber ausgezeichnetem Hinterhaupte sich anschliesst. Dann erst folgen Orang und Chimpanze. Der neuerdings so hoch gepriesene Gorill tritt erst im Geleite der Cynocephalen auf, die verschiedenartig gestaltet an die niedrigsten Stufen des Affentypus sich lehnen. Das Gesicht zeigt eine sehr ungleiche Entwicklung. In der höchsten Gruppe entspricht es der Grösse des Hirnschädels durch eigene Kleinheit, in der folgenden aber ist es bald stark, bald schwach. Dieses Verhalten bedingt eine weitere Zerspaltung der aus der Gleichheit der Gehirnkapsel hervorgegangenen Reihen. Bei der Wichtigkeit der Thatsache ist es wohl nicht überflüssig, die betreffenden Zahlen noch einmal übersichtlich zusammenzustellen. Wir wählen als Breite den zuverlässigeren Querdurchmesser der F. m.

	Hirnschädel			Gesicht.	
	Höhe	Breite.	Länge d. Occ.	Länge.	Höhe.
Chrysothrix	96.	54.	43.	105.	46.
Hylobates	101.	63.	30.	119.	56.
Cebus cirrifer	90.	48.	41.	115.	51.
Cebus apella	87.	48.	36.	111.	52.
Pithecus satyrus . .	96.	48.	13.	118.	81.
Troglodytes	87.	49.	23.	115.	67.
Semnopith. nasicus . .	78.	47.	26.	131.	73.
Cynoceph. babuin . .	83.	46.	21.	116.	63.
Pithecus Gorilla . . .	86.	41.	18.	127.	81.
Cynoceph. sphinx . .	69.	40.	16.	131.	126.
Colobus guereza . . .	69.	43.	13.	120.	55.

Wir begnügen uns mit der einfachen Mittheilung dieser wenigen Thatsachen. Es müsste von grossem Interesse sein, die Schädel der Affen in ausgedehntem Maassstabe zu prüfen und, darauf gestützt, einen Versuch zu ihrer Classification zu machen. Wie unvollständig und ungenügend auch in dieser Hinsicht unsere eigenen Erfahrungen sein mögen, so ergiebt sich doch daraus mit voller Bestimmtheit, dass mit Beziehung auf die Schädelform der Affenreigen nicht von den sogenannten Anthropomorphen, sondern von ihren weit kleinern und unansehnlichern Verwandten eröffnet wird. Nur die Grösse imponirt beim

Orang, Chimpanze und Gorill, und lässt ihren morphologischen Werth höher erscheinen, als er wirklich ist.

Die absolute Grösse des Schädels hat für uns nur ein sehr untergeordnetes Interesse. Bemerkenswerth ist jedoch, dass die grössten Affen durch die Länge der Grundlinie den Menschen vollkommen erreichen. So beträgt sie bei Cynoceph. sphinx 85, bei Troglodytes und Satyrus 87, bei Pithecus Gorilla sogar 102 Mm. Wenn trotzdem das Hirngewicht ein so viel kleineres ist als beim Menschen, so beweist diess zur Genüge die niedrigere Form des Affenschädels. Uebrigens wiederholen wir, dass die Vergleichung dieses Gewichtes bei verschiedenen Geschöpfen an und für sich sehr wenig beweist; denn fürs erste kommt es ganz darauf an, auf welche Körpermasse dieses Gewicht sich vertheilt, und dann, in welche Form dasselbe gegossen ist.

C. Kindlicher Affenschädel.

Ich bin nicht im Stande, darüber positive Angaben zu machen, in wiefern die im erwachsenen Affenschädel gefundenen Unterschiede schon in der ersten Anlage vorhanden sind oder aber noch fehlen. Nur für den Orang habe ich Erfahrungen, nach denen ich glauben muss, dass die kindlichen Formen den typischen Charakter des spätern Alters wenigstens zum Theile an sich tragen. Es gilt diess namentlich für den Hirnschädel, der schon sehr früh fast seine vollen Dimensionen sich erworben hat, während die Vollendung des Gesichtes einer vorgerückteren Zeit angehört. Als Belege für das Gesagte mögen folgende absolute Durchmesser in Millimetern für die erwachsene und zwei jugendliche Formen des Orang gelten.

	Erwachsen.		Jung.		Jung.
Länge der Grundlinie	87.5.	(16.5).	71.	(8.5).	62.5.
Länge des Hinterhauptes	11.	(—10).	21.	(—10).	31.
Grösste Höhe des Hirnschädels	84.	(4).	80.	(2).	78.
Untere Breite von F. p.	110.	(20).	90.	(10).	80.
Grösste Breite von F. p.	110.	(8).	102.	(8).	94.
Grösste Breite von F. m.	84.	(—4).	88.	(0).	88.
Grösste Breite von F. a.	100.	(22).	78.	(10).	68.
Länge des Gesichtes	130.	(44).	86.	(10).	76.
Höhe des Gesichtes	70.	(19).	51.	(17).	34.
Jochbogenbreite	154.	(50).	104.	(22).	82.

Ich habe in den eingeklammerten Zahlen den Grössenunterschied je zweier benachbarten Altersstufen hervorgehoben; es ist kaum nothwendig, darauf aufmerksam zu machen, wie klein er für den Gehirnschädel schon an und für sich, namentlich aber im Vergleiche mit dem Gesichte, ist. Während die Länge des letzteren um 54, seine Höhe um 36, seine Jochbogenbreite um 72 Mm. wächst, nimmt die Höhe des Hirnschädels nur um 6, seine Breite in der Mitte gar nicht, seine Hinterhauptslänge nur um 5 zu. Wie viel von der hintern Breitenzunahme um 16 Mm. auf Rechnung einfacher Auflagerung von Knochenmasse zu setzen ist, muss dahin gestellt bleiben. Die Abnahme um 4 Mm. in der mittlern Frontalebene ist gewiss nur eine zufällige, durch individuelle Verhältnisse bedingte. Es sind ja nicht die Schädel der gleichen, sondern verschiedener Individuen, die wir auf ihren Entwicklungsgang untersuchen. In der starken Breitenzunahme von F. a. um 32 Mm. tritt bereits der Einfluss des Gesichtes uns entgegen. In Einem Theil macht sich entschiedene Abnahme geltend, im Hinterhaupt; es geht von 31 auf 11 Millimeter zurück. Die Erklärung liegt in dem raschen Wachsthum der Schädelbasis um 25 Mm., welches nicht durch ein entsprechendes Verhalten des Gewölbes compensirt wird.

Alle diese Angaben lassen sich leicht durch Berechnung eines Wachsthumscoefficienten veranschaulichen. Derselbe beträgt für die

Grundlinie	. . . .	1,40.
Höhe des Hirnschädels	. . . .	1,98.
Untere Breite von F. p.	. . . .	1,38.
Grösste Breite von F. p.	. . . .	1,17.
Grösste Breite von F. m.	. . . .	0,95.
Grösste Breite von F. a.	. . . .	1,17.
Länge des Gesichtes	. . . .	1,72.
Höhe des Gesichtes	. . . .	2,06.
Jochbogenbreite	. . . .	1,88.

Am stärksten wächst demnach die Gesichtshöhe. Besonders wichtig ist die Thatsache, dass im Hirntheile der Grund nach allen Richtungen bedeutender sich ausweitet, als die Decke. Dadurch flacht sich deren Gewölbe mit zunehmendem Alter mehr und mehr ab.

Obige Zahlen sind noch in anderer Beziehung von Bedeutung. Sie zeigen nämlich, dass das Wachsthum des Schädels nicht gleichmässig fortschreitet. So beträgt es in der zweiten Periode für den Schädelgrund kaum das Doppelte desjenigen der ersten, für die Breite des Gesichtes dagegen entschieden mehr als das Doppelte, und für seine Länge mehr als das Vierfache. Die Zunahme der Gesichtshöhe ist in beiden Perioden die gleiche; dadurch bleibt sie erst weit hinter derjenigen der Länge zurück, um sie später entschieden zu überflügeln. Das anfängliche Verhältniss von 17 : 10 wandelt sich in dasjenige von 19 : 44 um. Das Gesicht dehnt sich also nicht nach allen Seiten gleichmässig aus, sondern wächst anfänglich stärker nach abwärts und dann erst nach vorwärts.

Einige Beobachtungen kann ich noch von Troglodytes niger, Cynocephalus sphinx und Cynocephalus maimon mittheilen. Im Allgemeinen verhalten sie sich wie der Orang, nur ist im Chimpanze das Längenwachsthum und nicht das Höhenwachsthum des Gesichtes das bedeutendere. In wie fern diess Zufall oder Gesetz ist, vermag ich nicht zu entscheiden.

	Troglodytes niger.			Cynoceph. maimon.			Cynoceph. sphinx.		
	Alt.	Jung.	Coeff.	Alt.	Jung.	Coeff.	Alt.	Jung.	Coeff.
Grundlinie	87.	57.	1,53.	83.	56.	1,48.	85.	56.	1,52.
Höhe des Hirnschädels .	76.	70.	1,09.	64.	54.	1,18.	59.	58.	1,02.
Länge des Gesichtes . .	103.	58.	1,78.	144.	63.	2,24.	114.	65.	1,76.
Höhe des Gesichtes . .	58.	51.	1,14.	97.	42.	2,31.	91.	46.	1,98.
Länge des Hinterhauptes	20.	36.	0,56.	5.	22.	0,23.	19.	32.	0,59.

Alle Maasse sind in Millimetern gegeben.

VIII. Morphologische Stellung des Menschen- und Affenschädels.

Die Wissenschaft darf sich erst dann der Erfüllung ihrer Aufgabe rühmen, wenn sie das Einzelne nicht bloss in seiner Sonderexistenz erfasst, sondern auch an seine richtige Stelle in der Reihe alles Geschaffenen gesetzt hat. Nur im Zusammenhange mit dem Allgemeinen gewinnt das Besondere seine volle Bedeutung. Aus jeder Vergleichung reift eine doppelte Frucht, indem sie für die Gesammtheit der Erscheinungen die grossen Grundgesetze ihrer Bildung und für jede einzelne den Maassstab ihres wahren Gehaltes schafft. Bei jeder Individualität hat die Forschung darnach zu suchen, was ihr allein eigen und was ihr mit andern gemein ist. Jenes wird zu einem Principe der Trennung, dieses zu einem Principe der Vereinigung. Man hat vielfältig in einseitiger Weise den Werth des einen über den des andern erhoben, und nach der jeweilen herrschenden Richtung gewann bald dieses, bald jenes die Oberhand. Wie überall, so zeigte es sich auch hier, dass das aus der Gleichgewichtslage verrückte Pendel nicht einfach in jene zurückschwingt, sondern darüber hinweggeht, um vielleicht erst nach langer Zeit zur Ruhe zu kommen. Es ist eine allgemeine Erfahrung, dass nicht jede Einseitigkeit in der Wissenschaft früher oder später einfach aufgehoben wird, sondern oft und viel in das Gegentheil umschlägt. So sehen wir denn auch, nachdem lange Zeit die Systematik in der Verfolgung des Besondern ihre Triumphe gefeiert hat, die Reaction mit Macht auftreten. Wie früher in der Trennung, so sucht man jetzt in der Wiedervereinigung seinen höchsten Ruhm, und mit demselben Eifer, mit dem früher überall Schranken errichtet wurden, werden sie jetzt niedergerissen. So sehr wir auch einen derartigen Umschlag mit Freuden begrüssen, weil wir in ihm die unerlässliche Bedingung einer wahrhaft empirischen Fortentwicklung unserer Erkenntniss anerkennen, so wenig können wir uns der Furcht enthalten, dass er zu weit führe. Geblendet von der plötzlich frei gelegten herrlichen Fernsicht, berauscht von den ersten Erfolgen scheint man zu vergessen, dass jeder bleibende Fortschritt nur auf dem Wege wohlerwogener Thatsachen gewonnen werden kann. Gewiss ist die neuerdings von Darwin mit so viel Geist weiter ausgebaute Descendenztheorie eine der schönsten Errungenschaften, ganz dazu angethan, der Wissenschaft unberechenbare Vortheile einzutragen. Gerade deshalb erheben wir auch lebhafte Einsprache gegen jene Ausschreitungen, welche diese Lehre nicht mehr als noch zu beweisende Theorie, sondern bereits als vollendete Thatsache hinstellen wollen, und darum den blinden Glauben an deren Wahrheit für das erste Kriterium eines zurechnungsfähigen Forschers halten. Eine Theorie ist nur dann von Nutzen, wenn sie der Forschung geregelte Bahnen eröffnet; sie wirkt aber schädlich, wenn sie dieselbe in ihrem freien Laufe beschränken will. Die Thatsache muss stets für die Theorie, nicht die Theorie für die Thatsache den Prüfstein abgeben. Darin fehlt unseres Bedünkens die „denkende Naturforschung," wie sie sich in neuester Zeit zu nennen beliebt; sie versteht es meisterlich, die Thatsachen nach ihren Gedanken zu modeln und den Mangel der erstern durch die Fülle der letztern zu verdecken.

Besondere Bedeutung hat diese Angelegenheit dadurch erhalten, dass sie, wie es auch nicht zu vermeiden war, sehr bald den Menschen mit in den Kreis ihrer Betrachtungen hineinzog. Der Anstoss lag zunächst nur in der Consequenz der Theorie; doch war nichts natürlicher, als dass man, nachdem der Schritt gethan, seine Berechtigung auch thatsächlich darthun wollte. In kurzem wurde eine derartige Fülle von Beobachtungen bekannt, die alle so unzweideutig die Abstammung des Herrn der Schöpfung von den nächsten Säugethieren bekundeten, dass es eines ansehnlichen Maasses von in Vorurtheilen aller Art befangener Bornirtheit zu bedürfen schien, um die Wahrheit der neuen Lehre zu beanstanden. Einzelne drangen in der Erkenntniss sogar so weit vor, dass sie behaupteten, zwischen Affe und Mensch existire eigentlich gar kein rechter Unterschied. Je bestimmter diese Angaben lauten, um so mehr muss es gestattet sein, deren materielle Grundlage zu prüfen. Man bekommt dabei freilich hin und wieder sonderbare Ideen über die Leistungen der „exacten" Wissenschaft; sind es doch im Grunde überall nur unzusammenhängende, theilweise geradezu sich widersprechende Bruchstücke, die geboten und zu den kühnsten Schlüssen benutzt werden. Wie man auch über die theoretische Seite der ganzen Frage denken mag, dagegen dürfte wohl Niemand Einspruch erheben, dass ihre materielle Unterlage der Erweiterung und der Befestigung noch in hohem Maasse bedürftig ist. Wir glauben deshalb unsere Betrachtungen über die Schädelformen nicht besser abschliessen zu können, als indem wir, gestützt auf unsere Erfahrungen, das Thatsächliche über die Aehnlichkeit und Unähnlichkeit des Menschen und des Affen zum Gegenstande einer besonderen Besprechung machen.

Der Grundplan des Schädels ist durch die ganze Wirbelthierreihe hindurch ein und derselbe. In uns bekannter Weise treffen die Röhren für das animale und das vegetative System zusammen. Hirnschädel und Gesicht sind die Elemente, aus denen der Kopf sich aufbaut und deren Verhalten er seinen Charakter verdankt. Wir dürfen vor allem wohl noch einmal daran erinnern, dass es durchaus unrichtig ist, ihr relatives Grössenverhältniss als dessen unmittelbaren Ausdruck zu betrachten. Jeder

Theil kann innerhalb gewisser Grenzen unabhängig von dem andern sich entwickeln, und die relative Grösse lässt nur erkennen, ob und um wie viel der eine grösser oder kleiner ist als der andere, nicht aber, welcher absolute Werth ihm selbst zukommt. Nehmen wir zum Beispiel einen Hirnschädel von dem Werthe 2a und einen Gesichtsschädel von dem Werthe 2b, so verhalten sich beide zu einander wie 1 : 1; dasselbe wiederholt sich für jedes andere beliebige a und b, sobald nur deren Vorzeichen die gleichen sind. Werden aber die letztern ungleich, so lässt sich dasselbe Resultat auf sehr verschiedenen Wegen gewinnen. Wir können, um zu dem Verhältnisse von 2 : 1 zu gelangen, ebensowohl bei gleichbleibendem b unser a verdoppeln, als auch, indem wir a unverändert beibehalten, b halbiren. Die Resultante der beiden Schädel ist die gleiche und doch würden wir in der Annahme, als seien sie gleichwerthig, sehr irren, da ihre Componenten durchaus andere, dort nämlich 4a und 2b, hier dagegen 2a und b sind. Es beweist dies zur Genüge, dass der Verhältnisszahl von Gesicht und Hirnschädel keinerlei höhere morphologische oder physiologische Bedeutung zugeschrieben werden kann, und dass sie namentlich nicht als ein Moment der Vergleichung sich verwerthen lässt; denn sie wirft das Verschiedenartigste zusammen. Nichts destoweniger lässt sie bereits erkennen, dass die beiden Schädelelemente nach zwei über einander verschobenen und in entgegengesetzter Richtung ansteigenden Reihen geordnet sind, so zwar, dass im allgemeinen die tiefsten Punkte der einen mit den höchsten der andern zusammentreffen. Zwischen beiden herrscht demnach Antagonismus, und zwar in der Art, dass die Höhepunkte ihrer Entfaltung an die beiden Endpunkte des Thierreiches auseinanderrücken. Betrachten wir die Grösse als das Maass der morphologischen Bedeutung, so ist der Entwicklungsgang nach der einen Seite ein progressiver, nach der andern ein regressiver. Für die Stellung des ganzen Individuums ist zweifelsohne das Verhalten des Gehirnschädels das gewichtigere. Es richtet sich vorzugsweise nach der Entfaltung des Gehirnes, eines Organes, das vor allem das innerste Wesen bedingt und den Zufälligkeiten der Aussenwelt fast ganz entrückt ist. Diesem hat sich im Gegentheil der Gesichtsschädel sorgsam anzupassen, da er im Verkehr mit ihnen namentlich das wichtige Geschäft der Nahrungsaufnahme besorgt. Die Gestaltung kann deshalb unmöglich eine ganz regelmässig fortschreitende sein. Sie wird durch zu viele äussere Einflüsse auf Empfindlichste gestört. Eine erschöpfende Erörterung all dieser Verhältnisse würde weit über die Grenzen unsrer Aufgabe hinausführen; wir begnügen uns damit, sie nur insoweit zu verfolgen, als diess für eine Beurtheilung der Unterschiede zwischen dem Affen- und Menschenschädel von Belang ist.

Es hat immer etwas Missliches, aus der Masse von Gehirnsubstanz ohne Weiteres einen Schluss auf die Grösse ihrer Leistungsfähigkeit zu ziehen. Bekanntlich ist die letztere aus sehr verschiedenartigen Momenten zusammengesetzt, die ihrer Entwicklung nach nichts weniger als parallel gehen, und von denen wir nicht wissen, wie sie zu dem materiellen Substrate sich verhalten. Uns genügt indessen die empirische Erfahrung, dass relativ stärkere Anhäufung von Nervensubstanz auch zur Steigerung ihrer physiologischen Thätigkeit führt. Ueberall bedingt bedeutende Ausdehnung des Gehirns die bevorzugte Stellung des Individuums und seine grössere Selbständigkeit gegenüber der Aussenwelt so sehr, dass wir vollständig berechtigt sind gerade in ihr den hauptsächlichen Ausdruck einer hohen individuellen Bedeutung zu finden. Demnach muss auch dem Hirnschädel in demselben Maasse als er befähigter wird, grössere Hirnmassen in sich aufzunehmen, eine höhere morphologische Stellung zuerkannt werden. Es zeigt sich nun mit der grössten Bestimmtheit, dass hierbei nicht bloss die Grösse, sondern auch die Form des Raumes sich ändert. Sein natürlicher Ausgangspunkt ist die Länge der Kopfwirbelsäule; von ihr aus erstreckt er sich nach allen Richtungen. Je weniger er diess thut, um so geringer wird seine Bedeutung; je weiter und allseitiger er sich dehnt, um so grössere Vollkommenheit darf das entstehende Gebilde beanspruchen. In der That sehen wir, dass in den niedrigsten Wirbelthieren, die auch durch ihre ganze übrige Organisation sich als solche darthun, der Raum für das Gehirn denjenigen des Rückenmarkes nur wenig übertrifft. In beider Gehäuse ist die Längenausdehnung die vorherrschende. Noch in den untersten Säugethieren ist die Höhe und Breite nur wenig ausgebildet, die Länge auf die

Reihe der Wirbelkörper beschränkt. Es ist charakteristisch, dass das Wachsthum dieser Durchmesser sehr ungleich erfolgt. Anfänglich hält es sich vorzugsweise an die beiden ersteren, und nur in den höchsten Stufen wölbt sich der Schädelraum auch in der Längsrichtung über die Wirbelkörper in ansehnlichem Maasse hinaus. Wir folgen dem Gauge dieser Erscheinung etwas genauer, da sie für die Beurtheilung der einzelnen Formen von der grössten Bedeutung ist. Wir berücksichtigen dabei nur solche Schädel, bei denen die Grundform nicht allzusehr durch secundäre Bildungen, wie Knochenauflagerungen, Lufthöhlen u. s. w., entstellt ist.

Was zunächst die Höhe anbetrifft, so begnügen wir uns mit der Prüfung ihrer stärksten Erhebung. Als Ausgangspunkt mögen dabei folgende Angaben dienen:[1]

	Höhe des Hirnschädels
Mustela putorius	35.
Ursus maritimus, Mus rattus, Lutra vulgaris	37.
Myrmecophaga jubata	39.
Felis leo	42.
Meles taxus	45.
Mus musculus, Camelus Dromedarius	47.
Canis vulpes	49.
Sciurus cinereus, Procyon lotor, Talpa europaea, Ovis aries	50.
Felis Catus	54.
Otolicnus	56.
Cervus Capreolus, Lepus timidus	57.
Antilope rupicapra	59.
Colobus guereza	68.
Canis familiaris fricator	73.
Pithecus Gorilla	82.
Hylobates, Pithecus satyrus	98.
Homo: { Geringste Höhe (Congo)	123.
Mittlere Höhe	116.

Wir sehen wie mächtig die Höhe in den Endgliedern anschwillt. Mit 35 im Marder beginnend steigt sie mäßig bis auf 98 im Orang, um dann plötzlich auf 116 im Menschen sich zu erheben. Wichtig ist, dass der den Thieren angewiesene Raum von 63 Schritt für Schritt durch eine besondere Form ausgefüllt wird und dass keine grössere Lücke in seinem Bereiche vorhanden ist. Namentlich gehen die Affen unmittelbar aus den tiefer stehenden Thieren hervor, zwischen deren Glieder sie sich selbst hineindrängen. Die Formenreihe ist bis zum höchsten Affen eine regelmässig fortlaufende, durchaus ununterbrochene. Wie ganz anders verhält sie sich gegenüber dem Menschen! Ein Sprung von vollen 18 °/₀ trennt ihr Endglied von seiner typischen Gestaltung. Nehmen wir auch die individuellen Verhältnisse zu Hülfe, steigen wir auf deren Leiter abwärts bis zu der untersten nur ausnahmsweise betretenen Sprosse, so bleibt noch immer eine Kluft von 25 vor uns, die durch nichts ausgefüllt wird. Gewiss ist diess um so bemerkenswerther, als diesseits und jenseits derselben die wechselnden Grössen in geschlossener Linie sich zusammenordnen. Von dem Gorill behauptet bekanntlich Huxley, dass er dem Menschen näher stehe als den untersten seiner eigenen Verwandten. Wie wenig diese Behauptung den Thatsachen entspricht, beweist der Umstand, dass er von dem mittlern Menschen um 61, von dessen

---

[1] Wie bisher stellen sie sämmtlich Procrate der Grundlinie dar. Selbstverständlich sind alle etwa vorhandenen Muskelkämme so sorgfältig als möglich in Abzug gebracht.

[2] Ich habe den der Form nach niedrigsten der von mir untersuchten Menschenschädel, der leichtern Vergleichbarkeit wegen, auf Tab. 54 in seinen sämmtlichen Grössenverhältnissen mitgetheilt. Er stammt von einem Congoneger her und wird in Kopenhagen aufbewahrt.

nächster individuellen Bildung noch um 11 entfernt ist, dass er mithin von jenem ungleich weiter, als selbst vom Marder, von diesem aber noch immer ebenso weit, wie vom Löwen abliegt. Die Kette der Höhenentwicklung bricht im höchsten Affen plötzlich ab, um erst viel weiter im Menschen von neuem zu beginnen.

Gleich der Höhe gehört auch die Länge der Medianebene an. Merkwürdigerweise hält sie mit jener keineswegs Schritt. Spät erst überragt sie die Basis als Stirn und Hinterhaupt. Von jener kann eigentlich vor den Affen schon deshalb nicht die Rede sein, weil ja erst in ihnen der ganze Innenraum des Stirnbeines von der Gehirnhöhle beansprucht, bis dahin aber grossentheils dem Riechorgane überlassen wird. Eine wirkliche Hervorwölbung (denn massive Knochenkämme sind hier ohne Bedeutung) kommt meines Wissens einem einzigen Affen, dem Hylobates, zu, und erinnert, wenn auch nur äusserst fern, an den Menschen. Bezeichnen wir als Länge der Stirn das Vortreten des Scheitelpunktes ihrer Wölbung über den Fusspunkt m, mithin über die Nasenwurzel, als Höhe dessen Abstand von der Grundlinie, so erhalten wir:

	Stirnlänge.	Stirnhöhe.
Cebus Apella	2.	21.
Hylobates	4.	14.
Congomeger	11.	41.
Homo, Mittelform	18.	47.

Mit vollstem Rechte wurde von jeher die Stirn als ein Attribut des menschlichen Kopfes hoch gehalten. Eustachius nennt den Daumen des Affen einen pollex ridiculus; ihm macht ein frons ridiculus den Rang streitig.

Viel früher beginnt der Schädelraum nach hinten sich auszudehnen und so ein frei vorstehendes Hinterhaupt zu erzeugen. Selten nur steigt dessen Fläche senkrecht (Elster) oder selbst vorn übergeneigt (Hamster) von dem Ende der Wirbelsäule nach aufwärts und lässt dieses selbst zum hervorragendsten Punkte werden. In der Regel wölbt sie sich, anfänglich allerdings nur in ihrem untern Theile, hervor und macht dadurch die Stellung des foramen magnum zu einer mehr oder weniger schiefen. In Folge davon tritt der obere Rand dieser Öffnung am weitesten nach rückwärts, indem über ihr die Schädelwand sofort nach vorn umbiegt. Bei keinem einzigen Säugethiere, bis zu den Affen, überragt (Muskelkämme natürlich abgerechnet) die obere Nackenlinie das Hinterhauptsloch; meist liegt sie sogar ansehnlich weiter vorn. Noch in vielen Affen wiederholt sich dieses Verhältniss, doch nimmt in andern auch die obere Hälfte der Nackenfläche an der Hervortreibung Theil. Bei diesen wird das bisher flache Hinterhaupt mehr und mehr ein kuglig gewölbtes und sein kantiger Anschluss an den Mittelkopf ein gleichmässig bogiger. Diess bedingt nicht bloss, dass das foramen magnum von dem Schädelende überragt wird, sondern dass es auch immer mehr an dessen untere Fläche zu liegen kommt und zugleich weiter nach vorn zu rücken scheint. Gleichzeitig nähert sich seine Richtung derjenigen der Grundlinie. Seine Neigung gegen die letztere ergiebt sich aus dem Verhältnisse der Abscisse[1] seines hintern Endes (o) zu dessen Ordinate und kann ohne Schwierigkeit als Winkel berechnet werden. Der geschilderte Vorgang findet in folgenden Angaben seine Bestätigung:

	Länge des Hinterhauptes	foramen magnum.		
		Abscisse	Ordinate	Neigungswinkel
Cricetus frumentarius	18.	4.	20.	100,7°.
Ursus maritimus	10.	0.	13.	90°.
Felis leo	3.	−2.	15.	82,3°.
Canis vulpes	0.	−5.	15.	71°.

[1] Wir erinnern daran, dass alle Abscissen mit positivem Vorzeichen vor den Nullpunkt (hinteres Ende der Grundlinie), alle mit negativem hinter denselben fallen.

	Länge des Hinterhauptes.	foramen magnum.		
		Abscisse.	Ordinate.	Neigungswinkel
Lepus timidus	—12.	—10.	24.	67°.
Cervus capreolus	— 4.	—10.	19.	62°.
Mus musculus	2.	—13.	21.	62°.
Pithecus satyrus	—13.	—22.	32.	55°.
Felis Catus	—10.	—11.	15.	53,4°.
Colobus guereza	—13.	—18.	19.	49,7°.
Hylobates	—30.	—20.	23.	48,7°.
Talpa europaea	— 3.	—21.	24.	45°.
Otolicnus	—10.	—12.	12.	45°.
Pithecus Gorilla	—18.	—23.	22.	43°.
Troglodytes	—23.	—25.	23.	42°.
Cebus apella	—36.	—20.	16.	38,5°.
Chrysothrix	—13.	—21.	14.	33°.
Homo { Sandwichinsulaner	—51.	—33.	20.	31,2°.
Schwede	—53.	—12.	9.	11,7°.

Wir finden hierin zunächst die volle Bestätigung des bereits früher (pag. 17 und 64) für das Hinterhauptsloch Angegebenen. Schon von Daubenton wurde bekanntlich auf dessen Steilheit bei Thieren im Gegensatze zu dem Menschen hingewiesen. Fast überall steht es dem senkrecht auf die Grundlinie gefällten Lothe entschieden näher als dieser selbst; nur ausnahmsweise (Talpa) erreicht es die Mitte zwischen beiden. Auch die Affen folgen in grosser Zahl diesem Gesetze, und selbst der Orang ist ihm unterthan. Gorill und Chimpanze haben bereits die Grenze des menschlichen Gebietes überschritten, doch erst in Cebus ist die Horizontale gegenüber der Verticalen ansehnlich im Vorsprung. Chrysothrix allein tritt mit einem Winkel von 33° bis an die unterste Stufe des Menschen heran. Hier ist also wirkliche Continuität der thierischen und menschlichen Reihe vorhanden, doch mit scharfer Abgrenzung der beiden Gebiete. Aehnliches gilt auch für das Hinterhaupt. Erinnern wir uns, dass dessen geringste Länge im Menschen 48 beträgt, so steht diese Zahl derjenigen von Chrysothrix ausserordentlich nahe. Trotzdem ist im ganzen das Hinterhaupt der Affen nicht zu vergleichen mit demjenigen des Menschen. Dort sinkt es schon in Cebus auf 36, in Hylobates auf 30, in Troglodytes auf 23, während es hier in rascher Zunahme bis auf 53 emporsteigt. Nur wenigen Affen ist es überhaupt mit dem Menschen gemein, dass ihr Hinterhaupt den Rand des foramen magnum überragt, und besonders spielen in dieser Hinsicht alle Anthropomorphen eine klägliche Rolle. Der thierische Typus ist bei ihnen so ausgesprochen als nur möglich; selbst die ihnen zunächst stehende Menschenform ist ihnen so bedeutend überlegen, dass es wirklich unbegreiflich ist, wie leichtfertig manche Forscher über diesen Unterschied hinweggehen.

Im ganzen sehr gleichmässig ist in der Thierreihe die Fortbildung der Querdurchmesser, wenn wir von einzelnen auffälligen Erscheinungen absehen. Um sie zu veranschaulichen, wählen wir den grössten derselben im Bereiche der hintern und mittlern Frontalebene.

	Grösste Breite der	
	F. p.	F. m.
Ursus maritimus	46.	30.
Felis leo	55.	44.
Felis Catus	69.	55.
Cervus capreolus	68.	66.
Otolicnus	72.	54.
Colobus	92.	86.

	Grösste Breite der	
	F. p.	F. m.
Pithecus Gorilla	106.	82.
Cebus apella	106.	96.
Pithecus satyrus	126. (?)	96.
Troglodytes	113. (?)	98.
Chrysothrix	111.	108.
Hylobates	120.	126.
Homo { Kleinster Werth	120.	114.
{ Grösster Werth	180.	174.

Das bemerkenswertheste Resultat dieser Tabelle ist unstreitig der unmittelbare Zusammenhang, der zwischen der thierischen und der menschlichen Stufe sich ausspricht, ähnlich, wie es auch für das Hinterhaupt von uns gefunden wurde. Uebrigens ist es nur Hylobates, der so hoch hinausteigt, dass er in unserm Falle den Menschen sogar um ein weniges übertrifft. Chrysothrix bleibt entschieden im Nachtheil, doch lange nicht so sehr als der Orang, der Chimpanze und vollends der Gorill. Allerdings entfernen sie sich weit weniger von dem untersten Menschen, als dieser von dem obersten, und es lässt sich nicht leugnen, dass nirgends ein so inniger Anschluss des Menschenschädels an den Affenschädel stattfindet, wie gerade im Querdurchmesser.

Fassen wir Alles, was wir über die Gestaltungsverhältnisse der Hirnkapsel mitgetheilt haben, zu einem Gesammtbilde zusammen, so ergiebt sich vor allem, dass kein einziger Affenschädel etwa nur eine verkleinerte Copie des Menschenschädels ist, dass zwischen ihnen vielmehr im besten Falle eine oberflächliche Aehnlichkeit, niemals aber eine wirkliche Uebereinstimmung herrscht. Nur in den Querdurchmessern treffen sie in den Extremen auf einander, dagegen sind sie in jeder andern Richtung unter allen Umständen durch eine weite Kluft geschieden. Während der Affenschädel durch gleichmässige Breiten- und Höhenzunahme aus den tiefern Säugethierstufen hervorgeht, führt ihn eine plötzliche Ausweitung in der Medianebene zu derjenigen des Menschen. Merkwürdigerweise hält dieser, wie wir früher nachgewiesen haben, im wesentlichen diese einmal errungene Medianebene fest, um nur durch das verschiedene Maass transversaler Oscillationen eine reiche Zahl besonderer Formen zu erzeugen. Ausserdem erfolgt in der Längerichtung noch eine weitere Fortbildung durch die Verlängerung des Hinterhauptes. Den Affenschädeln stehen mithin die kurzen Stenocephalen am nächsten, die langen Eurycephalen am fernsten. Uebrigens sind auch Jene in der grossen Mehrzahl noch ansehnlich breiter, und durch das Verhalten der Medianebene sind auch die niedrigsten Stufen scharf von den Affen geschieden.

	Länge des Hinterhauptes.	Grösste Höhe.	Grösste Breite.
Colobus	13.	69.	93.
Hylobates	30.	98.	120.
Congoneger (Individ.)	54.	123.	126.
Kaffer	64.	143.	138.
Schwede	83.	144.	160.

Bei allen Affenschädeln ist die Breite ansehnlicher als die Höhe. Die plötzliche Zunahme dieser letztern lässt sie anfänglich das Uebergewicht gewinnen, um bei wachsender Breite später wieder in die untergeordnete Stellung zurückgedrängt zu werden (s. o. pag. 26).

Zwischen Mensch und Affe ist die Lücke aber noch weit grösser, als man beim ersten Anblick unserer Zahlen vielleicht denken möchte; denn wir dürfen nicht vergessen, dass der Flächenraum nicht im geraden, sondern im quadratischen Verhältnisse seines Radius wächst. Ich habe diesen Flächenraum für eine Anzahl von Schädelebenen mit Hülfe eines angelegten Netzes ausserordentlich kleiner Quadrate bestimmt und so Resultate erhalten, die gewiss in Beziehung auf Genauigkeit denjenigen, die sich durch müthsame Rechnung hätten gewinnen lassen, zum mindesten gleich stehen. Die Medianebene und die hintere Frontalebene zeigen folgenden Gehalt an Quadrateinheiten der Grundlinie, wenn diese letztere gleich 100 gesetzt wird.

	M.	F. p
Cynocephalus sphinx	7095.	6249.
Pithecus Gorilla	828.	8022.
Cebus apella	10115.	7972.
Pithecus satyrus	10335.	10115.
Hylobates	10794.	11033.
Chrysothrix	11014.	9152.
Congo (Individ.)	17315.	13233.
Kaffer	—	17379.
Neger von Mozambique	20408.	
Hottentotte	21683.	—
Lappe	21865.	19119.
Guanche	23836.	

Für die Medianebene steht dem Menschen zunächst Chrysothrix, für die Frontalebene Hylobates. Wie gross ist aber dort noch der Unterschied! Der Affe erreicht im besten Falle nicht volle zwei Drittheile des kleinsten Werthes beim Menschen, und der gefeierte Gorill begnügt sich mit der Hälfte. In der Frontalebene ist der Unterschied begreiflicherweise geringer, immer aber bedeutend genug. Für den Gorill und Orang sind hier die Werthe offenbar durch die Verdickung der Knochenwand erhöht.

Sehr anschaulich wird in diesen Zahlen bei sonst gleicher Entwickelung der Einfluss des Hinterhauptes und der verschiedenen Breite beim Menschen. Durch jenes wird der Flächeninhalt der Medianebene ungefähr um ⅙ (Differenz von Mozambiquneger und Guanche — 3428), durch dieses nicht ganz um ⅛ (Differenz von Kaffer und Lappe — 2040) erhöht.

Aus allem ergiebt sich, dass der Gesammtunterschied des Menschen von dem nächsten Affen beträchtlicher ist, als derjenige der Affen untereinander, und wir stehen deshalb keinen Augenblick an, zu behaupten, dass der menschliche Typus des Hirnschädels auf das allerbestimmteste von dem äfflichen sich unterscheidet und dass namentlich die sogenannten Anthropomorphen sich in jeder Beziehung ungleich inniger an die natürlichen Verwandten und selbst an die niedrigeren Säugethiere als an den Menschen anlehnen.

Die Entwicklungsgeschichte des Gesichtes ist derjenigen des Gehirnschädels durchaus entgegengesetzt. Nicht die Zunahme, sondern die Abnahme charakterisirt die höhere Entwicklungsstufe. Freilich wird der Gang vielfach unterbrochen durch mannigfache individuelle Verhältnisse. Im Gegensatze zu dem Gehirnschädel drängt es sich anfänglich über das Ende der Grundlinie hervor, um erst später hinter dasselbe sich zurückzuziehen. Es giebt kein einziges Thier, bei dem letzteres der Fall ist, so wie es auch, wenigstens nach meinen Erfahrungen, nur höchst selten normale Menschen giebt, bei denen das Entgegengesetzte eintritt. Ausserdem verdient auch das Maass des senkrechten Abstandes von der Basis Berücksichtigung. Bereits von anderer Seite ist darauf hingewiesen worden, dass dieses beim Affen gleich wie beim Menschen verhältnissmässig grösser sei, als bei den übrigen Thieren. Ich muss hier darauf aufmerksam machen, dass diess wohl in vielen, nicht aber in allen Fällen zutrifft. Schon bei einigen Wiederkäuern dreht sich nämlich das sonst flach nach vorn gerichtete Gesicht so stark nach abwärts, dass es ganz dem Typus entspricht, der bei den Affen zur Alleinherrschaft gelangt und auch auf den Menschen übergeht. Die hauptsächlichsten Abänderungen sowohl in der Grösse, als auch in der Stellung des Gesichtes finden in folgenden Angaben ihren Ausdruck:

	Länge des Gesichtes.	Höhe des Gesichtes.
Myrmecophaga jubata	317.	61.
Camelus Dromedarius	213.	27.
Talpa europaea	176.	30.
Mus Rattus	147.	32.
Ursus maritimus	141.	30.
Felis Catus	123.	28.
Mustela putorius	125.	19.
Antilope rupicapra	168.	109.
Capra hircus	153.	97.
Pithecus satyrus	148.	81.
Cynocephalus sphinx	131.	126.
Pithecus Gorilla	127.	81.
Hylobates	119.	56.
Cebus apella	111	52.
Chrysothrix	105.	46.
Homo { Individuell	101.	56.
Homo { Höchstes Mittel . . .	94.	55.

Wir sehen die beiden Reihen nach demselben Ziele hinstreben, nach der Verkleinerung des Gesichtes, ohne dass dessen Stellung eine wesentliche Aenderung erlitte. Man hört vielfach die Meinung laut werden, als erreiche diese Verkleinerung in dem Menschen ihren Gipfelpunkt. Dem ist aber keineswegs so. Wenn man nämlich, wie es bereits für den Hirnschädel geschehen, den Flächeninhalt für die Medianebene des Gesichtes berechnet, so erhält man:[1]

Cynocephalus sphinx	6543.
Pithecus satyrus	5421.
Pithecus Gorilla	4929.
Hylobates	3361.
Cebus apella	2583.
Chrysothrix	2487.
Homo: Neger von Mozambique . . .	3686.
Hottentotte	3469.
Lappe	3469.
Guanche	3858.
Mittel	3620.

Wir ersehen hieraus, dass Chrysothrix, Cebus und selbst noch Hylobates ein ungleich kleineres Gesicht besitzen als der Mensch. Um so bezeichnender ist es, dass trotzdem bei dem letztern die Länge weitaus die geringste ist. Auf dieser Kürze beruht sein typischer, ihm ausschliesslich eigener Charakter, der auch in der extremsten Bildung nicht verwischt wird. Welche Stellung dem Orang, dem Gorill und dem Pavian zukomme, darüber lassen obige Zahlen keinen Zweifel. Nach Huxley[2] soll das Gesicht des Pavians mehr nach vorn gerichtet sein als dasjenige des Gorilla, der dadurch enger an

[1] Ich habe diese Berechnung nur für solche Thiere durchgeführt, deren Gesicht ganz unter der Grundfläche gelegen ist. Nach vorn habe ich dasselbe durch eine vom vordern Gaumenende zur Nasenspitze, nach hinten durch eine vom hintern Gaumenende zum vordern Umfang des for. magn. gezogene Linie begrenzt. Ich gebe gern zu, dass solches auch in anderer Weise geschehen könnte, doch schien mir diese die zweckmässigste.

[2] Man's place in Nature. 1863, pag. 96.

den Menschen sich anschlösse. Ein Vergleich der mitgetheilten Ordinaten und Abscissen zeigt, dass dem nicht so ist. Die beiden Gesichter sind eines des andern werth.

Noch ist ein Umstand von Bedeutung, dem wir bis jetzt keine Aufmerksamkeit geschenkt haben; es ist diess die Stellung der äussern Orbitalöffnung. Sie lässt sich mit Leichtigkeit durch vertikale Projection auf unsre vordere Frontalebene bestimmen. Dabei zeigt sich das überraschende Resultat, dass sie bei dem Menschen ohne Ausnahme eine ungleich tiefere ist als bei den Affen; dort wird sie von der Grundfläche im obern Viertheile, hier erst in der Mitte oder selbst darunter geschnitten. Die Ordinatenhöhen des obern und untern Randes sind nämlich folgende:

	Orb. sup.	Orb. inf.
Pithecus satyrus	28.	20.
Pithecus Gorilla	21.	16.
Troglodytes niger	22.	19.
Cynocephalus sphinx . .	12.	14.
Colobus guereza	18.	18.
Cercopithecus sabaeus . .	17.	18.
Cebus apella	20.	22.
Chrysothrix sciurea . . .	20.	23.
Hylobates	20.	24.
Homo	7.	25.

Für den Menschen habe ich den Mittelwerth aus sämmtlichen einzelnen Beobachtungen, die übrigens nur wenig von einander abweichen und namentlich keinen Unterschied bei den verschiedenen Schädelformen zeigen, genommen. In diesem Verhalten liegt eine der hervorragendsten Eigenthümlichkeiten des menschlichen Typus, während die Affen unmittelbar an die übrigen Thiere sich anschliessen. Die Entwickelung eines geräumigen Vorderhauptes drängt die Augenhöhlen nach abwärts, ein Vorgang, der mit dem Prognathismus des Gesichtes zusammenzuhängen scheint. Wenigstens stehen bei den durch diesen ausgezeichneten Affen die Augenhöhlen am höchsten; bei den andern rücken sie nach abwärts.

Wiederholt schon haben wir darauf hingewiesen, wie von verschiedenen Seiten der Versuch gemacht wurde, dem Charakter des Schädels beim Menschen und bei Säugethieren durch das Verhältniss der Hirnkapsel zum Gesichte einen bestimmten und klaren Ausdruck zu geben. Zwar haben wir bereits die Gründe auseinander gesetzt, weshalb ein derartiges Verfahren seinem Zwecke nicht entspricht, sondern leicht zu Irrungen führt. Nichts destoweniger wollen wir noch einmal darauf zurückkommen, wäre es auch nur, um die Berechtigung der aufgestellten Sätze nach allen Seiten hin aufrecht zu erhalten.

Am bemerkenswerthesten ist wohl der Vorschlag von Cuvier, den Flächeninhalt der beiden Schädelabschnitte mit Ausschluss des Unterkiefers zum Maassstab zu nehmen. Ich weiss nicht, wie weit in dieser Hinsicht genaue Messungen vorgenommen worden sind; Cuvier selbst wenigstens begnügt sich mit ungefähren Schätzungen.[1] Um so mehr wird es gestattet sein, unsre eigenen bereits mitgetheilten Erfahrungen noch einmal übersichtlich zusammenzustellen.

	Flächeninhalt des Hirnschädels.	Flächeninhalt des Gesichtes.	Verhältniss.
Cynocephalus sphinx	7095.	6543.	1,08 : 1.
Pithecus Gorilla	8828.	4928.	1,79 : 1.
Cebus apella	10115.	2583.	3,96 : 1.
Pithecus satyrus	10335.	5421.	1,91 : 1.

[1] Leçons d'anatomie comparée. Paris, 1837. Tome II p. 167. Im Europäer soll der Flächeninhalt des Hirnschädels ungefähr das Vierfache desjenigen des Gesichtes betragen, im Neger der letztere um ⅓, im Calmücken dagegen nur um ⅕ zunehmen. Für den Saimiri wird ungefähr das Dreifache, für die Sapajous das Doppelte, für die Makis das Einundeinhalbfache angegeben. Beinahe gleich gross sollen beide in den Gibbons, Mandrills und einigen andern sein.

	Flächeninhalt des Hirnschädels	Flächeninhalt des Gesichtes	Verhältniss
Hylobates	10794.	3361.	3,21:1.
Chrysothrix	11014.	2687.	4,12:1.
Homo: Congoneger (Individ.) . . .	17315.	3508.	4,94:1.
Neger von Mozambique . .	20408.	3686.	5,45:1.
Hottentotte	21683.	3469.	6,25:1.
Lappe	21865.	3469.	6,30:1.
Guanche	23846.	3858.	6,18:1.

Setzen wir das Gesicht überall als Einheit, so erhalten wir für den Hirnschädel die beigefügten Verhältnisszahlen. Wir würden aber sehr irren, wenn wir dieselben als den wirklichen Ausdruck für die Entwickelung des Hirnschädels betrachten wollten. Darnach würde sie bei Cebus das Doppelte von derjenigen beim Orang und noch ansehnlich mehr als bei Hylobates betragen, und doch lehren die Messungen aufs unzweideutigste, dass von den drei Genannten Cebus den kleinsten oder wenigstens keinen grössern Schädelraum wie die andern besitzt. Der Widerspruch löst sich von selbst, sobald wir einen Blick auf den Gesichtsschädel werfen; dieser bleibt bei Cebus bedeutend im Rückstand. Wir haben also hier den thatsächlichen Beleg dafür, dass das Grössenverhältniss zwischen Gehirnschädel und Gesicht kein Urtheil über deren wirkliches Verhalten gestattet. Nicht weniger zeigt es sich, dass die Vergrösserung des einen Theiles, z. B. des Gesichtes, keineswegs, wie Giebel will, identisch ist mit der Verkleinerung des andern. Der Gehirnschädel vom Orang ist ebenso, sein Gesichtsschädel mehr als doppelt so gross wie derjenige von Cebus. Ein wichtiger Fingerzeig liegt in diesen Erfahrungen für die Vergleichung des Affen mit dem Menschen. Wie nahe rücken nicht deren Verhältnisszahlen zusammen. Chrysothrix mit 4,12 und der Congoneger mit 4,94 unterscheiden sich von einander nur wenig, aber der Grund dafür liegt nicht in der Aehnlichkeit der Hirnkapsel, die beim Congo mehr als um die Hälfte grösser ist als bei dem Affen, sondern darin, dass eine Ausgleichung der Unterschiede von Seiten des Gesichtes stattfindet. Aus all diesen Zahlen geht nur das Eine brauchbare Resultat hervor, dass, wenn auch nicht, wie wir bereits hervorgehoben haben, absolut, doch wenigstens im Vergleich zu der Ausdehnung der Hirnkapsel der Mensch das kleinste Gesicht besitzt, eine Eigenthümlichkeit, die sich trotz der Verschiedenheit des Prognathismus und der Länge des Hinterhauptes überall erhält. Sie kann freilich in geringem Maasse getrübt werden, wenn, wie aus dem angeführten Beispiele des Congonegers ersichtlich ist, der Gehirnschädel sich stark verkleinert, während das Gesicht gleich bleibt. Immerhin bleibt auch dann noch der Mensch im Vorsprung.

Viel ungenügender sind die Leistungen des sogenannten Camper'schen[1] Gesichtswinkels, ob-

---

[1] Ich benutze diese Gelegenheit um ein auf Seite 19 dieses Werkes über den Camper'schen Gesichtswinkel gefälltes Urtheil zurückzunehmen. Ich habe ihm dort den Vorwurf gemacht, dass seine Grösse im Menschen weniger durch die Stellung der Kiefer, als durch die Breite des Hirnschädels bestimmt werde. Ich stützte mich dabei auf die Angabe der meisten Autoren, dass er zwischen zwei Linien liege, die, von der äussern Oeffnung und dem hervorragendsten Punkte der Stirn ausgehend, am vordern Nasenstachel sich schneiden. Ein derartiger Winkel wird in der That durch den Abstand des Ohres von der Medianebene des Schädels beeinflusst. Erst vor Kurzem bot sich mir die Gelegenheit, das Werk von Camper selbst (Dissertation sur les variétés naturelles qui caractérisent la physionomie des hommes 1791.) zu Gesicht zu bekommen. Ich erfuhr dabei, dass der fragliche Winkel nicht unmittelbar zwischen die Stirnlinie und die Ohrlinie, sondern zwischen jener und der durch diese gelegten Horizontalebene sich befindet. Unter diesen Umständen kommt natürlich die Schädelbreite nicht in Betracht. Ich weiss nicht, ob auch andere in den von mir begangenen Fehler verfallen sind. Jedenfalls ist die gewöhnliche gegebene Beschreibung zum mindesten ungenau, um nicht zu sagen, unrichtig.

Der Widerspruch zwischen den Erfahrungen von Camper und meinen eigenen ist nunmehr so erklären. Die Ursache liegt fürs erste darin, dass er nicht immer vom Nasenstachel, sondern zuweilen vom Zahnfortsatze ausgeht, dass er demnach dem eigentlichen Kieferprognathismus der uns ausgezeichnetsten Unterschiede von Zahnprognathismus hinzufügt; fürs zweite beruht sie auf der geringen Zahl der von ihm gemachten Beobachtungen. Er hat seine Messungen auf einzelne Individuen beschränkt, und die an diesen gewonnenen Ergebnisse scheinen sich als Canon von Schriftsteller zu Schriftsteller fortgepflanzt zu haben, wenigstens fehlen alle Anhaltspunkte dafür, dass einer derselben zu einer eingehenderen Prüfung dieser Frage sich bemüssigt gefunden hätte.

gleich derselbe noch immer einer nicht geringen Popularität sich erfreut. Man darf wohl mit einiger Verwunderung fragen, wie man sich mit ihm so lange, vieler geäusserter Bedenken ungeachtet, schleppen mochte. Offenbar scheute man sich die elegante und bequeme Formel, die Herrscherin über ein ganzes Reich verwickelter Formen, fallen zu lassen, zumal man nichts Aehnliches an ihre Stelle zu setzen wusste. Weshalb sie unmöglich dasjenige zu leisten im Stande ist, was man von ihr verlangte, ergiebt sich hinlänglich aus dem bereits Gesagten und bedarf keiner weiteren Erörterung. Auch weiss man schon lange, dass die von ihr vielen Organismen angewiesene Stellung nur sehr unvollkommen oder auch gar nicht deren übrigem Charakter entspricht. So hat nach unsern Messungen Cynocephalus einen Winkel von 31, Pithecus satyrus und Gorilla von 39, Hylobates von 54, Chrysothrix von 57 und Cebus von 60°, während der Mensch schon mit 86° beginnt. Wir erhalten hier eine Reihenfolge, die mit der durch die wirkliche Schädelform bedingten in offenem Widerspruche steht.

Man möchte vielleicht der Hoffnung sich hingeben, dass wenigstens für den Menschen jene schöne Stufenfolge sich retten lässt, wornach der Gesichtswinkel im Neger mit den kleinsten Werthen beginnt, um mit den grössten im Europäer abzuschliessen. Leider ist auch diese Hoffnung eine trügerische. Um eine ausreichende Basis zu gewinnen, habe ich mir die Mühe genommen, für sämmtliche von mir untersuchte Schädel den Mittelwerth des Gesichtswinkels zu bestimmen und dabei erhalten:

Grade des
Gesichtswinkels.

Caraibe . . . . 68.

Maravieger . . . . 69.

Neger von Mozambique, Guanche, Calmücke, Indianer von Nordamerika, Sitkakane, Schwede 71.

Neger aus Sudan, Mahratte, Botocude, Grönländer . . . . 72.

Kaffer, Hottentotte, Chinese, Zigeuner, Paraguaraner, Tunguse, Burarte, Malabare . . . . 73.

Buschmann, Macassare, Puri, Bewohner der Sundainseln, Balinese, Nicobare, Finnländer,
Tartare . . . . 74.

Bewohner von Tonga, Sandwichinsulaner, Baschkire, Türke, Däne, Jude, Etrusker, Holländer, Lappe . . . . 75.

Knochenhöhlen Brasiliens, Nukahiver, Aegyptische Mumie, Graubündtner, Russe, Kosak . 76.

Neu-Holländer . . . . 77.

Hindu, Grieche . . . . 78.

Buggise . . . . 80.

Es liefert diese Tabelle den Beweis, dass die so oft gemachten Angaben über den Gesichtswinkel durchaus unhaltbar sind und dass derselbe ethnologisch keinen Werth besitzt. Auch sind die Unterschiede lange nicht so gross, als gewöhnlich angegeben wird. Von allen Europäern erreicht nicht Einer 80° und doch werden diese nicht selten als Minimum für dieselben angegeben. Die zahlreichen Einzelfälle, welche dem vermeintlichen Gesetze sich nicht fügen wollten, haben demnach nichts Befremdliches mehr.

Der Vorwurf, in dem Gesichtswinkel ein ganz unzuverlässiges ethnologisches Maass eingeführt zu haben, trifft übrigens weniger dessen Urheber, als seine Nachfolger. Camper verfolgte, wie schon der Titel seines Buches beweist, rein physiognomische Zwecke und hatte gar nicht die Absicht, den morphologischen Charakter der Schädel überhaupt darstellen zu wollen. Deshalb wählte er auch zu seiner Beweisführung lauter solche Schädel, die gewisse Eigenthümlichkeiten des Profiles im Extreme besassen.

Die gewöhnlich für den Gesichtswinkel aufgeführten Zahlen sind, so weit sie typisch sein sollen, geradezu unrichtig. Eine Charakterisirung des Schädels wird aber überhaupt nicht durch sie ermöglicht, und es wäre deshalb zweckmässiger, sie entweder ganz aufzugeben oder wenigstens nur im Geleite noderer Maassbestimmungen aufzuführen. Dann aber dürfen wir nicht vergessen, dass es noch andere

Mittel giebt, welche weit besser als sie den Zweck erfüllen, Stirn und Oberkiefer zu charakterisiren. Ich meinestheils kann dem Gesichtswinkel nur eine physiognomische Bedeutung zuerkennen, und bin der Ansicht, dass er unter allen Umständen dem Zeichner bessere Dienste leistet als dem Craniologen.

Der Missbrauch, der noch vielfältig mit den eben besprochenen Verhältnissen getrieben wird, mag es entschuldigen, dass wir hier näher darauf eingetreten sind und an der Hand der Thatsachen sie auf ihren wahren Werth zurückgeführt haben; denn die Gefahr ist gross, durch sie zu Trugschlüssen verleitet zu werden. Nicht ein einzelner Punkt, nicht eine einzelne Seite, sondern nur das Ganze des Schädels lehrt uns ihn richtig erfassen und einen vergleichenden Maassstab an seine Gestaltung legen. Treten wir aber so an die Affen und an den Menschen heran, so sehen wir allerdings, dass ihnen mit allen anderen Wirbelthieren der Grundplan gemein ist, dass auf demselben aber durchaus verschiedenartige Gebäude errichtet sind. Nur selten trifft ihre Bildung in einem einzelnen Punkte wirklich, öfter scheinbar zusammen; als Ganzes haben sie nichts mit einander gemein. In der ganzen Reihe der Säugethiere findet sich keine Lücke, die auch nur von ferne sich vergleichen liesse mit derjenigen, welche den Affen vom Menschen trennt. Selbst die niedrigsten Menschenschädel stehen den höchsten Affenschädeln in jeder Hinsicht so fern und schliessen sich so eng an ihre höhern Verwandten an, dass es vom rein morphologischen Standpunkte aus besser wäre, auf den immerhin geläufigen Ausdruck der Affenähnlichkeit zu verzichten. Die Ostentation, die so oft damit getrieben wird, ist um so weniger gerechtfertigt, als er dem wahren Sachverhalte gar nicht entspricht und nur durchaus unrichtige Vorstellungen erzeugen kann. Nicht einmal die oberflächliche Aehnlichkeit ist so gross, wie man es oft hat behaupten wollen. Legen wir auf eine solche Werth, so dürfen wir nichts weniger als sie bei den sogenannten menschenähnlichen Affen suchen, vielmehr müssen wir unsere Blicke auf die Gibbons und die kleinen amerikanischen Affen richten. Für die Gesammtform des Schädels wenigstens muss diesen der erste Preis zuerkannt werden, mögen sie in mehrfacher anderer Hinsicht auch weniger hoch stehen. Die Behauptung, dass zwischen Gorill und Mensch kein so grosser Unterschied vorhanden sei als zwischen ihm und manchen Affen, wird nur dadurch erklärlich, dass sie auf einseitiger Auffassung einzelner Schädeltheile beruht. Wenn aber morphologische Bildungen überhaupt von Bedeutung sind für die Stellung irgend eines Lebewesens, so können sie dies doch offenbar nur in ihrer Gesammtheit sein, und ich sehe nicht ein, weshalb die gewaltigen Formverschiedenheiten des Schädels weniger Anspruch auf Berücksichtigung zu machen hätten, als zum Beispiel die Unterschiede in der Zahnbildung. Das Menschengehirn verhält sich zu dem Affengehirne nicht bloss wie ein grosser Eckzahn zu einem kleinen. Wenn wir bis jetzt eine ihrer Leistungsverschiedenheit entsprechende Formverschiedenheit noch nicht gefunden haben, so beweist dieses doch wohl keineswegs die Nichtexistenz der letztern, sondern nur die Mangelhaftigkeit unserer Kenntnisse und die Unzulänglichkeit unserer Methoden.

Die bedeutenden Unterschiede zwischen Affen- und Menschenschädel im erwachsenen Zustande sind übrigens jederzeit anerkannt und höchstens von einzelnen geleugnet worden, die, geblendet von dem Lichte höherer Erkenntniss, die greifbarsten Thatsachen nicht mehr zu sehen vermochten; dagegen ist die Meinung eine ziemlich verbreitete, dass die Gegensätze im Jugendzustande sich zum guten Theile ausgleichen, und es ist in der That zu verkennen, dass das Affenkind durch die gerundeteren Formen seines Kopfes, durch bessere Stirn und ansehnliches Hinterhaupt dem Menschen näher steht als der Erwachsene. Wir müssen uns hier vor allem gegen einen oft begangenen Fehler verwahren. Man zieht die Vergleichung gewöhnlich zwischen dem Affenkinde und dem erwachsenen Menschen, ohne zu bedenken, dass eine solche morphologisch ganz unstatthaft ist, weil überhaupt nur Gegenstände auf derselben Entwicklungsstufe mit einander verglichen werden können. Wollen wir eine richtige Antwort auf die Frage, ob zu gewissen Zeiten grössere Verwandtschaft zwischen der Menschen- und Affenform bestehe, als zu andern, so kann als Maassstab für das Kind nur wieder das Kind und als Maassstab für den Erwachsenen nur wieder der Erwachsene verwendet werden. Ich weiss nicht, ob solches für das erstere jemals geschehen ist; um so erwünschter war es mir, einschlägige Beobachtungen darüber machen zu können. Ich fand dabei zu meiner nicht geringen Ueberraschung, dass im kindlichen Alter keine so auffällige Annäherung des Affentypus an den Menschentypus stattfindet, wie man sie vielleicht erwarten dürfte, dass vielmehr beide gleich in der ersten Anlage durchaus von einander verschieden sind, wenigstens wenn man sie nicht auf Bildungsstadien zurück verfolgt, wo überhaupt eine morphologische Differenzirung äusserlich noch nicht wahrnehmbar ist.

Der Beweis hierfür liegt in den Zahlenwerthen von Schädeln, deren Basis ungefähr zwei Drittheile ihrer vollen Grösse erreicht hatte, und die deshalb wenigstens annähernd als auf gleicher Stufe der Entwicklung stehend betrachtet werden dürfen.

	Länge des Hinterhauptes.	Höhe des Hirnschädels.	Breite der F. p.		Breite der F. m.		Gesicht.	
			IV.	f. l.	p.	IV.	Länge.	Höhe.
Negerkind	—81.	154.	64.	87.	45.	81.	99.	45.
Junger Orang . . .	—49.	125.	64.	75.	39.	71.	122.	55.

So vortheilhaft auch der Hirnschädel des jungen Affen gegenüber dem des alten sich darstellen mag, der Mensch überflügelt ihn doch nach allen Richtungen gewaltig. Besonders anschaulich zeigt diess der auf eine Grundlinie von 100 bezogene Flächeninhalt der Medianebene.

	Flächeninhalt d. Hirnschädels.	Flächeninhalt d. Gesichtes.	Verhältniss.
Negerkind	26,769.	3459.	7,74 : 1.
Junger Orang . . .	16,613.	4454.	3,73 : 1.

Das günstigere Verhältniss zwischen Hirnkapsel und Gesicht verdankt der junge Affe nicht bloss der Grösse der erstern, sondern auch der Kleinheit des letztern. Immerhin ist schon in ihm der thierische Typus so bestimmt ausgesprochen, dass er selbst hinter dem erwachsenen Menschen zurückbleibt.

Wir haben bei einer frühern Gelegenheit auf die ungleiche Energie des Wachsthums aufmerksam gemacht, welche in den verschiedenen Schädeltheilen sich ausspricht. Bei den Affen ist diess in noch höherem Maasse der Fall und es bietet Interesse, die desfalsigen Erscheinungen mit denjenigen des Menschen zu vergleichen. Wir benutzen dazu die absoluten Grössenwerthe in Millimetern.

		Länge der Grundlinie.	Länge des Hinterhauptes.	Höhe des Hirnschädels.	Breite der F. p.		Breite der F. m.		Gesicht.	
					IV.	f. l.	p.	IV.	Länge.	Höhe.
Neger	erwachsen.	90.	58,5.	130,5.	53.	64.	33.	59,5.	85.	54.
	Kind .	60.	49.	94.	37.	55.	27.	53.	59.	27.
Orang	erwachsen.	87,5.	11.	84.	55.	—	31.	44.	129.	71.
	Kind .	62,5.	31.	78.	47.	—	24.	42.	76.	34.

Welche Ungleichheit in der Grösse des absoluten Wachsthums beider Schädel! Sie beträgt in Millimetern:

	Länge der Grundlinie.	Länge des Hinterhauptes.	Höhe des Hirnschädels.	Breite der F. p.		Breite der F. m.		Gesicht.	
				IV.	f. l.	p.	IV.	Länge.	Höhe.
Neger . .	30.	9,5.	36,5.	16.	9.	6.	6,5.	26.	27.
Orang . .	25.	—20.	6.	8.	—	7.	2.	53.	37.

Im Menschen vergrössert sich der Gehirn- und Gesichtsschädel gleichmässig; im Affen hat jener sein Wachsthum schon zu einer Zeit, wo ein solches im Gesichte noch mit voller Energie fortschreitet, beinahe vollendet. Mit zunehmendem Alter tritt der thierische Ausdruck immer klarer hervor, da die Gehirnkapsel verhältnissmässig immer kleiner, das Gesicht immer grösser wird. Bei jenem hört namentlich im Bereiche des hintern Schädelendes jede Zunahme auf; indem der stark wachsende Schädelgrund sich über ihm verschicht, lässt er es nahezu verschwinden. Auch hier bieten die Wachsthumscoefficienten dem Verständniss die beste Hülfe. Für den Menschen bedürfen wir zweier Reihen, derjenigen des Negers und derjenigen des Europäers (s. o. pag. 45).

	Länge der Grund-linie.	Länge des Hinter-hauptes.	Höhe des Hirn-schädels.	Breite der F. p		Breite der F. m.		Gesicht.	
				IV.	I. I.	p	IV.	Länge.	Höhe.
Orang . .	1.40.	0.35.	1.08.	1.17.	—	1.29.	1.05.	1.72.	2.09.
Neger . .	1.50.	1.19.	1.39.	1.43.	1.16.	1.21.	1.12.	1.44.	2.00.
Europäer.	1.50.	1.12.	1.39.	1.61.	1.36.	1.58.	1.31.	1.39.	1.93.

Aus diesen Zahlen ergeben sich manche wichtige Gesichtspunkte. Am auffälligsten ist der merkwürdige Gegensatz zwischen dem Affen und dem Menschen, wornach bei jenem die Wachsthums-coefficienten des Gesichtes, bei diesem diejenigen des Gehirnschädels die grössern sind. In nichts wohl findet der verschiedene Charakter dieser beiden Organismen einen bessern und unzweideutigeren Ausdruck. Bei dem Affen ist der für die Aufnahme des Gehirnes bestimmte Raum nach allen Seiten beschränkt; er dehnt sich weder nach Höhe, noch Breite, noch Länge aus; im Menschen ist gerade das Entgegengesetzte der Fall, wenn auch nicht überall in demselben Maasse. Zwar ist die anfängliche Grundlage stets ein und dieselbe,[1] doch nur bei den eurycephalen Völkern ist das spätere Wachsthum ein allseitig gleichmässiges, bei den stenocephalen beschränkt es sich mehr auf die Medianebene und bleibt in der transversalen Richtung zurück. Es lässt sich nicht leugnen, dass hierin eine theilweise Annäherung an den affischen Typus sich ausspricht, und diess um so mehr, als wir uns erinnern, dass nicht selten geringes Wachsthum des Hinterhauptes sich hinzugesellt. Mithin muss der kurze Schmalschädel als die niedrigste, der lange Breitschädel als die höchste Form des menschlichen Typus auch auf Grund der Ergebnisse der Entwicklungsgeschichte bezeichnet werden. Durch die Höhe scheidet sich der Mensch vom Thiere; in der Verschiedenheit von Breite und Länge liegt für ihn selbst wieder ein Moment zur Differenzirung. Für die Physiologie des Gehirnes ist diese Thatsache vielleicht von Wichtigkeit. In wiefern jedoch die Schädelform einen Schluss auf die Gestaltung des Gehirnes gestattet, lässt sich nicht ohne Weiteres angeben. Dass eine Verkürzung des Hinterhauptes nicht immer zu einer entsprechenden Verkümmerung der Hinterlappen führt, dass vielmehr das Gehirn im Bereiche des ihm zugewiesenen Raumes selbstständigen Bildungsgesetzen unterworfen ist, lehren alle fast hinterhauptslosen Affen.

Ueber die Wachsthumsverhältnisse des Gesichtes geben für den Menschen unsere Zahlen keine genügenden Anhaltspunkte, und ich kann nicht entscheiden, ob in der ersten Anlage die spätern Unterschiede bereits vorhanden sind oder nicht. So viel aber ist sicher, dass der Wachsthumscoefficient der Gesichtslänge kleiner oder wenigstens in keinem Falle grösser ist als derjenige der Schädelbasis. Mit zunehmendem Alter bleibt also das Gesicht gleich oder aber es wird selbst, wie von andrer Seite schon erkannt wurde, weniger prognath. Bei keinem Thiere ist etwas Derartiges zu finden. Hier übertrifft, wenn auch in verschiedenem Maasse, der Wachsthumscoefficient der Gesichtslänge stets denjenigen der Schädelbasis und es ist der zunehmende Prognathismus ein Hauptmerkmal der höhern Altersstufe. Es rücken deshalb alle jüngern Schädelformen enger zusammen, so dass auch die thierischen näher an die menschliche herantreten. Dass sie aber nie zusammentreffen, sondern jederzeit weit geschieden sind, haben wir gezeigt. Um zu beweisen, wie sehr der Affenschädel in seinen Wachsthums-verhältnissen nicht den Menschen, sondern den Thieren sich anschliesst, habe ich eine Reihe von Messungen angestellt, die ich der Mittheilung nicht für unwerth halte.

[1] Für diesen bereits besprochenen Satz finde ich nachträglich noch einen weitern erwünschten Beleg in den Bull. de la Soc. d'anthrop. de Paris. Bd. 2. pag. 610, wo an dem 5-jährigen Schädel eines Neu-Caledoniers besonders hervorgehoben wird, dass er Raceneigenthümlichkeiten noch nicht bewiesen habe.

	Absolute Grösse in Mm.				Wachsthumscoefficienten.			
	Länge der Grund- linie.	Höhe des Schädels.	Gesicht. Länge.	Höbe.	Länge der Grund- linie.	Höhe des Schädels.	Gesicht. Länge.	Höhe.
Troglodytes niger . .	87.	70.	103.	58.	1,53.	1,00.	1,78.	1,14.
	57.	70.	58.	51.				
Cynocephalus maimon .	83.	64.	141.	97.	1,45.	1,18.	2,24.	2,31.
	56.	51.	63.	42.				
Cynocephalus sphinx .	85.	59.	114.	91.	1,52.	1,02.	1,76.	1,98.
	56.	58.	65.	46.				
Felis Catus	60.	32.	73.	15.	1,18.	1,03.	1,18.	1,13.
	51.	31.	62.	17.				
	37.	26.	43.	10,5.	1,38.	1,19.	1,44.	1,43.
Canis Vulpes	77.	38.	132.	16.	1,56.	1,36.	2,27.	1,07.
	41,5.	28.	58.	15.				
Ursus americanus . .	168.	69.	240.	69.	3,54.	2,09.	3,75.	3,54.
	47,5.	33.	64.	19,5.				
Ursus arctos	157.	82.	280.	77.	1,57.	1,32.	1,87.	1,62.
	100.	62.	150.	47.				
Lutra vulgaris . . .	84.	31.	107.	16.	1,55.	1,11.	1,55.	1,33.
	54.	28.	69.	12.				
Hydrochoerus Capybara	95.	57.	179.	94.	2,50.	2,26.	3,51.	3,76.
	38.	25.	51.	25.				
Sciurus vulgaris . . .	35.	19.	45.	16.	1,40.	1,20.	1,55.	2,00.
	25.	15.	31.	8.				
Cavia Cobaya . . .	33.	15.	53.	16.	1,74.	1,25.	1,96.	2,00.
	19.	12.	27.	8.				
Lepus cuniculus . . .	43.	24.	62.	33.	1,54.	1,33.	1,72.	1,94.
	28.	18.	36.	17.				
Equus Caballus . . .	218.	98.	492.	220.	1,94.	1,44.	2,18.	3,01.
	107.	68.	226.	73.				
Camelus Dromedarius .	200.	93.	427.	54.	1,78.	1,33.	2,19.	1,00.
	112.	70.	195.	54.				
Capra hircus	114.	56.	174.	110.	1,78.	1,24.	1,91.	2,44.
	64.	45.	91.	45.				
Sus scrofa	91.	?	213.	120.	2,17.	?	2,92.	5,22.
	42.	?	73.	23.				
Bradypus tridactylus .	57.	26.	67.	8.	1,90.	1,37.	1,97.	1,50.
	30.	19.	34.	6.				
Halmaturus giganteus .	98.	46.	170.	26.	1,55.	1,28.	1,60.	1,44.
	63.	36.	102.	18.				
Hyrax capensis . . .	62.	30.	90.	14.	2,07.	1,36.	2,37.	1,75.
	30.	22.	38.	8.				

Während im Menschen das Wachsthum des Gesichtes demjenigen des Hirnschädels ungefähr gleich kommt, ist es ihm im Thiere ausnahmslos weit überlegen. Ausserdem geht es auch mit Ausnahme von Lutra demjenigen der Grundlinie meist bedeutend voran. Nicht bloss absolute, sondern auch relative Zunahme erfährt im Menschen nur die Gesichtshöhe. Den Thieren fehlt hierin Uebereinstimmung.

Flache Gesichter wachsen im allgemeinen verhältnissmässig weniger, steil abwärts gerichtete stärker nach unten.

Wenn wir so die Thierbildung von einer weniger prognathen Stufe zu einer mehr prognathen sich erheben und dadurch dem menschlichen Typus immer ferner treten sehen, so darf wohl gefragt werden, ob nicht für den letzteren hierin ein Mangel liege, dass er auf der foetalen Stufe seiner Mitgeschöpfe verharrt. In gleicher Weise hat man auch den Prognathismus des Negers als die Ueberschreitung einer vom Europäer festgehaltenen niedrigeren Stufe bezeichnet. Wir müssen uns zunächst darüber verständigen, was unter einer niedrigeren Stufe überhaupt zu verstehen ist. Wir dürfen es wohl als Axiom aufstellen, dass eine jede Schöpfung ihre höchste Vollendung und Ausbildung in dem Momente erreicht, wo sie in sich die meisten Bedingungen zur Bewahrung ihrer Sonderexistenz und das höchste Maass physiologischer Leistungsfähigkeit besitzt. Beim einzelnen Individuum, dessen Dasein in enge Grenzen gebannt ist, lässt sich dieser Entwicklungsprocess leicht übersehen; sein Höhepunkt wird als der Zustand des Erwachsenseins bezeichnet. Alles, was diesem vorausgeht, muss als Durchgangspunkt und niedrigere Stufe aufgefasst werden. Es beansprucht in diesem Sinne das stark entwickelte Gesicht des erwachsenen Affen einen höhern Rang als das schwache des jungen. Bei einer derartigen Beurtheilung darf niemals die Grenze ein und desselben Typus überschritten werden; nur die Glieder der gleichen Entwicklungsreihe gestatten eine directe Vergleichung. Die Endziele sind ja verschieden und deshalb kann es leicht geschehen, dass in dem einen Geschöpfe eine Form bereits als Höhepunkt auftritt, die in dem andern nur als Vorstufe einer noch höhern sich offenbart. Jene deshalb als eine niedrigere zu bezeichnen, wäre durchaus verkehrt. Sie steht zu ihrem typischen Organismus in keinem andern Verhältnisse als diese. Alle typischen Formen sind deshalb vom Standpunkte des Individuums aus gleich vollkommen, weil sie mit seinem ganzen Wesen im Einklang stehen. Das kleine Gesicht des Menschen ist nicht unvollkommener als das grosse des Affen, weil es einer Vorstufe desselben entspricht. Würde aber aus irgend einer Veranlassung bei diesem die normale Entwicklung gehemmt und das Gesicht auf ein geringeres Maass beschränkt werden, so würde es trotz seiner Annäherung an den Menschen als von niedrigerer Form, weil unter der typischen Gestaltung zurückgeblieben, zu bezeichnen sein. Deshalb steht auch der Prognathismus des Menschen auf der gleichen Stufe mit dem Orthognathismus. Dass jener diesem vielleicht nachfolgt, beweist nichts für seine höhere Stellung; denn beide gehören verschiedenen Bildungstypen an. Wir dürften deshalb auch unbedingt den Orthognathismus im Neger, gleich dem abnorm kleinen Gesichte des Affen, als Bildungshemmung, mithin als niedrigere Stufe auffassen. Es ist indessen noch sehr fraglich, ob im Menschen die Reihenfolge von Prognathismus und Orthognathismus derjenigen im Thiere entspricht, oder ob sie nicht vielmehr sich umkehrt. Zu sicherm Entscheid müssten wir, was leider noch nicht der Fall ist, die Beschaffenheit der ersten Anlage kennen. Wenn wir aber sehen, dass im Menschen der Prognathismus mit dem Wachsthum nicht zu-, sondern im Gegentheil abnimmt, so hat die Meinung nichts Unwahrscheinliches, dass durch das fortschreitende Wachsthum nicht der Prognathismus über den Orthognathismus, sondern der Orthognathismus über den Prognathismus sich erhebe. Der Prognathismus des Menschen wäre demnach ein angeborner, der der Thiere dagegen ein erst erworbener.

Die Schöpfung beschränkt sich nicht bloss auf Individuen; sie erzeugt auch ganze Reihen verschiedener Formen, die in ähnlicher Weise verwandt sind, wie die Entwicklungsstadien eines einzelnen Organismus. Bekanntlich fasst sie die Descendenztheorie auch als solche auf und identificirt dadurch die Entwicklungsgeschichte der Reihe mit derjenigen des Individuums. Ohne auf diese Angelegenheit hier eingehen zu wollen, bemerken wir nur, dass kein vollständiger Parallelismus in der Stufenfolge der beiden Reihen vorhanden ist, dass vielmehr oft eine entschiedene Kreuzung sich ausprägt. So sehen wir in der Schädelform, dass die allgemeine Entwicklungsreihe gerade mit den gleichen oder wenigstens mit ähnlichen Erscheinungen abschliesst, mit denen die individuelle beginnt. Nicht die grössere, sondern die geringere Differenzirung von der primitiven Anlage charakterisirt die obersten Stufen der allgemeinen Reihe. Es ist dies wohl zu berücksichtigen in der Aufstellung allgemeiner Bildungsgesetze und nach mehrfacher Richtung fruchtbringend zu verwerthen. Wie dem übrigens auch sein mag, ob man die Individuen als divergente Ausstrahlungen oder aber als stufenförmige Erhebungen eines einfachen Typus betrachtet, so lassen sie sich zu einer aufsteigenden Reihe verknüpfen. In dieser liegt der Maassstab für die Rangordnung in dem Verhältnisse zur Aussenwelt. Dass hier dem Menschen die erste Stelle gebührt, kann nicht bestritten werden. Niemand ist im Kampfe ums Dasein so geschickt wie er, mag er auch in einzelnen Fähigkeiten von manchen Thieren übertroffen werden. Er erwirbt die materielle Grundlage dieser Tüchtigkeit vorzugsweise durch Grösse des Gehirnschädels und Kleinheit des Gesichtes. Das ist demnach das Ziel, in dem die ganze Reihe ausläuft. Mit Rücksicht darauf erhalten alle die Formen, die wir individuell als auf gleicher Höhe stehend bezeichnet haben, verschiedenen Werth; derselbe wächst durch die Fortbildung der neuralen und die Rückbildung der visceralen Sphäre. Jetzt bedingt das starke Gesicht und die kleine Schädelkapsel des Affen eine niedrigere Stellung, jetzt bekundet sich auch in jeder Beziehung der prognathe Schmalschädel als dem orthognathen Breitschädel untergeordnet. So sehen wir wie die Beurtheilung nach hoch und niedrig je nach dem festgehaltenen Gesichtspunkte nicht nur äusserst verschieden ausfallen kann, sondern auch muss. Es ist ein oft begangener Fehler, einen einmal gewonnenen Begriff auf alle Verhältnisse zu übertragen. Es kommt ganz darauf an, in welchem Zusammenhang eine gewisse Form aufgefasst wird, um sie je nach Umständen im Vergleich zu einer zweiten das eine Mal höher, das andere Mal niedriger, oder aber mit ihr auf gleiche Stufe zu stellen. Fortschritt in dem einen Kreise führt auf materiellem wie auf geistigem Boden häufig zu Rückschritt in dem andern und umgekehrt. Die Beurtheilung morphologischer Vorgänge muss dieser Wahrheit jederzeit eingedenk bleiben.

Die Verschiedenheit des Wachsthums im Schädel des Menschen und Affen schafft schliesslich um so verschiedenartigere Endformen, als, unser Erfahrung gemäss, schon die Ausgangspunkte nicht die gleichen sind. Auf die geringere Ausdehnung des Gehirnschädels und die stärkere Entwicklung des Gesichtes haben wir als Unterscheidungsmerkmale genugsam hingewiesen. Es giebt deren aber noch mehr. Erwähnung verdient vor allem die hohe Lage, welche der Orbitalhöhle, wenigstens des Orang, schon im kindlichen Alter zukommt; eine Eigenthümlichkeit, die bereits von Cuvier[1] erwähnt wird. In ihr ist auch im Kinde der specifische Typus des Erwachsenen ausgesprochen. Es beträgt der Abstand des obern und untern Augenhöhlenrandes von der Grundfläche:

		Oberer Rand.	Unterer Rand.
Mensch	alt	7.	25.
	jung	9.	24.
Orang	alt	28.	20.
	jung	31.	21.

Dass in dem kindlichen Affenschädel die Richtung des Hinterhauptsloches weniger steil ist, als im erwachsenen, erklärt sich leicht aus der stärkern Entwicklung des Hinterhauptes. Sie kann bis zu den höhern Graden des erwachsenen Menschen herabsteigen, doch scheint Neigung zur frühzeitigen Erhebung vorhanden zu sein.

Berathen wir alle Erfahrungen, so ist nicht zu leugnen, dass in jugendlichem Zustande eine geringe Annäherung der Typen stattfindet; immerhin reicht sie lange nicht aus, um den für den Erwachsenen aufgestellten Satz, dass der menschliche Schädel scharf von dem affischen sich abgrenze, für irgend eine Periode umzustossen. Wir halten ihn deshalb auch in seiner bestimmten Fassung aufrecht und bestreiten auf das entschiedenste, dass es in der heutigen Schöpfung irgendwo normale Formen gebe, die als eine Uebergangsstufe von Mensch und Affe betrachtet werden dürften. Zu allen Zeiten ist die Lücke zwischen Mensch und Affe ungleich grösser, als diejenige zwischen diesem und den übrigen Thieren. Man hat freilich in neuerer Zeit die Mikrocephalen herbeiziehen wollen, und es ist nicht in Abrede zu stellen,

[1] Leçons d'anat. comp. T. II, pag. 181. Paris 1837.

dass sie in vieler Hinsicht den menschlichen Typus mit dem thierischen zu verschmelzen scheinen. Nichtsdestoweniger darf daran erinnert werden, dass die Berechtigung, normale Formenreihen durch pathologische zu vervollständigen, nur eine bedingte ist. Die fertige Form allein giebt keinen Maassstab für ihre morphologische Bedeutung; wir müssen auf die Art und Weise zurückgehen, wie sie entstanden ist. Wird der menschliche Hirnschädel irgendwie in seinem Wachsthume behindert, so muss er eine Form annehmen, die derjenigen des Affen ähnlich ist; etwas anderes ist gar nicht denkbar. Nichtsdestoweniger dürfen wir beide nicht ohne Weiteres einander an die Seite setzen und sofort an eine Umkehr des Menschentypus zum Affentypus denken. Jeder Typus besteht darin, dass das Wachsthum gewisse Grenzen nicht überschreitet, obgleich äusserlich keine Beschränkung wahrzunehmen ist. Damit kann nun aber eine notorische Hemmung des Wachsthums keineswegs zusammengestellt werden. Wählen wir ein Beispiel. Wir haben gefunden, dass die gleiche kindliche Schädelform der Stenocephalie und Eurycephalie zu Grunde liegt. Die äussern Bedingungen sind dem Anscheine nach in beiden Fällen die gleichen, und doch erfolgt in dem einen die Zunahme des Querdurchmessers schwächer als in dem andern. Der Typus des Wachsthums ist also ein verschiedener. Zuweilen wird nun auch der eurycephale Schädel im Querdurchmesser verengt, und zwar dadurch, dass die sagittale Naht frühzeitig obliterirt. Der Form nach wird er dann freilich stenocephal, nicht aber dem Typus nach, denn der besteht ja darin, dass das Wachsthum ausbleibt, weil die dazu nothwendige Naht fehlt, während es bei der Stenocephalie trotz des Offenbleibens der genannten Naht nicht erfolgt. Von einem Umschlagen des einen Typus in den andern kann also gar keine Rede sein. Die beiden Schädel sind zwar äusserlich ähnlich, vielleicht gleich, innerlich und typisch aber vollkommen von einander verschieden. Wer bürgt nun dafür, dass nicht Aehnliches auch bei dem Affen- und Mikrocephalenschädel stattfindet. Allerdings sind ihre Formen sich oft so ähnlich, als man nur wünschen kann; aber nichtsdestoweniger kann der Typus ihrer Entstehung ein durchaus verschiedener und nichts unrichtiger sein, als im Mikrocephalen ein Umschlagen des Menschentypus in den Affentypus anzunehmen. Solches ist nur dann gestattet, wenn an die Stelle der typischen Entstehung des Menschenschädels diejenige des Affenschädels tritt. Sonst ist es eine einfache Hemmungsbildung, welche trotz der scheinbaren Uebereinstimmung typisch dem Affenschädel auch nicht um einen Schritt näher steht als der normale Menschenschädel. Es ist hierbei durchaus gleichgiltig, ob der Grund der Hemmung von dem Gehirne oder von dem Schädel ausgeht. Das Gesagte gilt für alle Organe und nicht bloss für die Knochen. Wir können deshalb dem Mikrocephalenschädel keine Beweiskraft zugestehen, so lange der von uns geforderte Nachweis seiner Entstehung nicht geliefert ist.

Alles Gewordene wird nur aus seinem Werden richtig begriffen. Um eine Form zu verstehen, muss neben ihrer Gegenwart auch ihre Vergangenheit zu Rathe gezogen werden. Die Forschungen über den Menschen sind hier noch jung, doch in überraschender Weise gestattet fast jeder Tag einen neuen Einblick in jene graue Urzeit, deren Geheimnisse vor unsern staunenden Blicken sich entrollen. Aus dem Dunkel versunkener Jahrtausende reichen die Ahnen des Menschengeschlechts uns ihre Waffen, ihre Instrumente und, nicht das mindest Werthvolle, ihr eigenes Gebein. Die Bodenablagerungen von Höhlen, theils in dem westlichen Europa, theils an den Ufern des Sumidoiro in Brasilien, haben das Meiste davon, freilich spärlich genug, geliefert. Es haben diese Funde verschiedenartige Deutung gefunden. Zweifel über ihre archäologische Bedeutung dürften heutzutage wohl von Niemand mehr gehegt werden, der sich der Mühe einer unbefangenen Prüfung der Thatsachen unterzogen hat. Welches aber ist die Stellung dieser Urahnen zu den Nachkommen? Waltet zwischen ihnen morphologische Gleichheit oder Verschiedenheit? Das sind die grossen Fragen, die weit über die Grenzen der Naturforschung hinaus aller Interesse bewegen und die noch immer in der verschiedenartigsten Weise beantwortet werden. Nach den einen ist die Gestaltung dieser alten Generationen diejenige der noch lebenden, nach den andern trennt sie ein so grosser Unterschied, dass daraus der unzweideutigste Beweis für die Fortbildung des Menschengeschlechtes aus affenähnlichen Elementen hervorgienge. Es liegt nicht in unserer Aufgabe, den theoretischen Gesichtspunkt dieser Streitfrage zu erörtern; es ist diese vor der Hand mehr oder weniger Glaubenssache, die jeder mit sich selbst auszumachen hat. Für uns handelt es sich nur darum, eine bestimmte Ansicht über die Natur der materiellen Grundlagen zu gewinnen, auf die beide Partheien sich berufen. Man hat an einigen Unterkiefern Spuren finden wollen, die auf eine besondere Menschenrace hinweisen. Wir können dieser Schlussfolgerung nicht die geringste Berechtigung zuerkennen, gegenüber der unendlichen Zahl von Abänderungen, die, wie jeder Anatom weiss, auch heutzutage noch diesem Knochen zukommen. Es gehört meiner Ansicht nach viel Muth dazu, einen Unterkiefer zum Vertreter einer eigenthümlichen Race zu machen, weil die Richtung seines aufsteigenden Theiles etwas sonderbar und der rundliche Gelenkkopf mit einer Einbuchtung nach Art der Beutelthiere versehen ist, oder weil die Backzähne eine von der gewöhnlichen etwas abweichende Form besitzen. Wenn man auf solche Kleinigkeiten Gewicht legt, so darf wohl mit Recht verlangt werden, dass man erst genauer und sorgfältiger, als es bis jetzt geschehen ist, die Grenze der individuellen Bildung in der Jetztzeit studire. Jedenfalls sind die ganzen Schädel von ungleich höherer Bedeutung; sie allein sollen uns auch in eingehender Weise beschäftigen. Ich kenne die aus den europäischen Höhlen nur aus der Beschreibung, dagegen hatte ich das Glück, die von Lund aus Brasilien mitgebrachten Schädel in Kopenhagen zu untersuchen. Beginnen wir mit diesen letztern. Sie wurden bekanntlich mit Ueberresten ausgestorbener Thiere im Stromgebiete des Maranon aufgefunden, und sind so vortrefflich erhalten, dass ihre Messung nicht auf das geringste Hinderniss stiess. Wir werden deren Resultate am besten verstehen, wenn wir sie mit den an Schädeln einer noch lebenden brasilianischen Völkerschaft, der Paraguaraner, und des Kaffers gewonnenen zusammenstellen. Wir beschränken uns dabei auf diejenigen Maasse, die wir als die wichtigsten haben kennen lernen:

	Länge des Hinterhauptes	Schädelhöhe.	Schädelbreite.		Stirn.		Länge des Gesichtes.
			f. p.	f. m.	Länge.	Höhe.	
Knochenhöhlen	67.	148.	135.	134.	116.	46.	85.
Paraguaraner	64.	148.	140.	134.	116.	44.	82.
Kaffer	64.	143.	138.	130.	112.	43.	90.

Unsre alten Brasilianer sind also nichts anders als regelrechte Stenocephalen, die nicht im geringsten von den heutigen Einwohnern ihrer Heimath sich unterscheiden. Sie gehören mit zu den schmalsten bekannten Formen, haben aber sonst durchaus nichts Besonderes. Kieferprognathismus fehlt ihnen. Absichtlich habe ich auch die Lage des hervorragendsten Punktes der Stirn angegeben, weil diese nach einer Bemerkung Vogt's[1] stark fliehend sein soll. Es ist diess keineswegs der Fall; die Zahlen stimmen genau mit denjenigen der Aegyptischen Mumie, des Chinesen, Holländers und vieler anderer.

In Europa haben bekanntlich die Schädel von Engis und aus dem Neanderthal Berühmtheit erlangt. Was den erstern anbetrifft, so berufe ich mich auf C. Vogt (a. a. O. pag. 73), der ihn als durchaus identisch mit der Hohlbergform bezeichnet. Er ist also gleich ihr ein Schmalkopf, der keine heute nicht mehr existirenden Verhältnisse darbietet. Auch die an der Zeichnung vorgenommenen Messungen haben mir die Richtigkeit dieser Ansicht bestätigt. Nach den Breitenverhältnissen gehört offenbar der Schädel aus dem Neanderthale ebenfalls hieher. Was aber seine Gesammtbildung anbetrifft, so würde eine solche bei heutigen Schädeln von Jedermann einfach als eine pathologische angesehen werden und ich sehe deshalb keinen Grund ein, bei ihm eine Ausnahme zu machen. Eine solche ist um so weniger gerechtfertigt, als seine nächsten Verwandten, wie gerade der Schädel von Engis, keine Spur einer derartigen Eigenthümlichkeit zeigen, was doch wohl mit Sicherheit zu erwarten wäre, wenn es sich um eine typische und nicht bloss um eine zufällige Erscheinung handelte.

Man hat Aehnlichkeit dieser Schädel mit denjenigen der Steindünen finden wollen, und in der

_____

[1] Vorlesungen über den Menschen. Bd. II. pag. 44.

Amer. Schädelformen.

12

That haben wir schon früher bemerkt, dass letztere wenn auch nicht zu den schmalsten, doch zu den schmalern Formen gehören, wenn bei der ausserordentlichen Verschiedenheit der Individuen ein derartiges summarisches Urtheil überhaupt gestattet ist. Im ganzen ist es ein sehr wohlgebildeter Schädel, den namentlich in der Stirnbildung kein Vorwurf trifft. In seinen Maassen stimmt er genau mit der Aegyptischen Mumie überein. Prognathismus ist keiner vorhanden:

	Länge des Hinterhauptes	Schädelhöhe.	Schädelbreite.			Stirn.	
			F. p.	F. m.	F. a.	Länge.	Höhe.
Steindüne . . .	70.	149.	152.	144.	124.	131.	49.
Aegypt. Mumie .	65.	149.	152.	144.	124.	131.	46.

Die Thatsachen sind uns spärlich zugemessen und gebieten Vorsicht in der Verwerthung und Beurtheilung. Wichtig ist jedenfalls die Erkenntniss, dass auch in den ältesten Zeiten keine Formen gefunden worden sind, die nicht auch heute noch vorhanden wären. Wer deshalb dem Glauben an die Wahrheit der Descendenztheorie huldigt, der mag immerhin deren consequente Anwendung auf den Menschen fordern, aber er wird darauf verzichten müssen, aus der Geschichte der Menschheit, so weit sie uns bis jetzt zugänglich geworden, auch nur Eine Thatsache zu Gunsten seiner Hypothese vorzubringen. So weit wir zurückzugehen vermögen, finden wir den Menschen in seiner heutigen Gestaltung. Annäherung des Menschentypus an den Affentypus existirt nur in den aller Wahrheit und Wirklichkeit Hohn sprechenden Zerrbildern, welche manche Autoren durch Uebertreibung einzelner Züge gebildet haben. Als Roman liest es sich ganz hübsch, wie die drei Anthropomorphen zu verschiedenen Menschengestalten sich erheben, wie die wilden Urahnen unseres Geschlechts Stamm gegen Stamm, Art gegen Art stehen, wie sie durch zunehmende Gesittung sich als Brüder kennen lernen, sich vermischen, sich kreuzen, durch Bastardformen die anfänglichen Gegensätze ausgleichen, um, wenn auch langsam, doch sicher der schliesslichen Einheit entgegengeführt zu werden. Dann wird wohl auch das tausendjährige Reich seinen Anfang nehmen.

Für das alles suchen wir umsonst nach einer thatsächlichen Begründung, und namentlich ist der angenommene Gegensatz der ersten Menschenstämme ein durchaus unbegründeter, da er sich auf weiter nichts als auf sogenannte Brachy- und Dolichocephalie stützt. Wie es damit sich verhält, glauben wir genugsam gezeigt zu haben. Will man den Affen zum Menschen sich umgestalten lassen, so muss nach allem, was wir wissen, für diesen die Stenocephalie als der Ausgangspunkt der weiteren Entwicklung betrachtet werden. Doch, ich wiederhole es, das alles ist Hypothese. Noch manch ein Grab wird sich öffnen müssen, um uns auch nur einen oberflächlichen Einblick in die Beziehungen zu gestatten, in denen die frühern Bewohner der Erde zu den jetzigen stehen.

Offenbar hat es eine ganz andere als die eben erwähnte Bedeutung, wenn wir in dem heutzutage fast ganz von breiten Köpfen bewohnten Mitteleuropa in der Vorzeit schmale Formen reichlich auftreten sehen. Ich muss glauben, dass solches schon bei den Steindünen der Fall war. Die grosse Verschiedenheit ihrer Breite ist zu auffällig, denn die Extreme reichen bis zur entschiedensten Steno- und Eurycephalie. Wir hätten demnach eine Mischung der beiden Hauptformen, an die auch Vogt[1] schon gedacht hat, und die ich mit aller Bestimmtheit glaube behaupten zu dürfen. Wir haben bei einer andern Gelegenheit gezeigt, dass diese Schädelformen mit denen unserer Uebergangszone zusammenhängen, dass sie von Südeuropa nach Nordafrika und von dort ostwärts nach Asien ziehen. Ich war nicht wenig überrascht, denselben Verbreitungsbezirk für eine lange Zeit räthselhafte Form alter Baudenkmäler, für die Dolmen angegeben zu finden.[2] Sollte, was weitere Untersuchungen darthun müssen, dieses Zu-

[1] Vortrag über den Menschen II. pag. 174.
[2] Desor, Ueber die Dolmen, deren Verbreitung und Deutung. Archiv f. Anthropologie I. pag. 361.

sammentreffen nicht bloss ein zufälliges, sondern in der Wirklichkeit begründetes sein, so wäre die Thatsache von unberechenbarem Werthe für die Geschichte der europäischen Völker und zugleich einer der schönsten Beweise für den hohen Nutzen, den das Zusammenwirken der Archäologie und der Anthropologie bieten kann.

Die Hauptaufgabe liegt nun zunächst darin, zu erfahren, wie die Breitköpfe unter die Schmalköpfe gerathen sind. Sind sie Beimengungen oder aber weitere Entwicklungen? Die Antwort hierauf liegt noch in den Gräbern. Möchte sie recht bald daraus ersehen! Wie dem aber auch sei, wir sehen, dass diese Mischung zum Untergange des einen Theiles führt. Vor den breiten Schädeln weichen die schmalen mehr und mehr zurück. In Deutschland und in der Schweiz ragen sie nur noch vereinzelt hervor, um erst weiter im Süden eine bleibende Stätte zu finden. Vor der vollkommeneren Form vergeht die unvollkommenere. In der Uebergangszone scheint an manchen Stellen noch gegenwärtig eine ähnliche Mischung, wie sie vor Zeiten im Norden war, zu bestehen. Wird das Endresultat wohl dasselbe sein? Wer kann es wissen. So bietet die Anthropologie, je tiefer wir in sie eindringen, nicht bloss die Räthsel der Vergangenheit, sondern auch die der Zukunft. Möge die Gegenwart mit frischem Muthe deren Lösung versuchen!

Wir stehen am Ende unserer Untersuchung. Wir haben den menschlichen Typus als einsame Insel kennen gelernt, von der keine Brücke zum Nachbarlande der Säugethiere führt. Ob sie von diesem vor Zeiten nur abgerissen worden, ob sie selbständig aus dem Ocean der Schöpfung emporgestiegen, darauf giebt vor der Hand nur das Ahnen des menschlichen Geistes, nicht aber ein naturwissenschaftliches Document die Antwort. Noch müht die Forschung sich ab, ein solches zu finden. Der Widerstreit der Meinungen ist selbstverständlich, wo es sich um so tief greifende Interessen handelt und der individuellen Ansicht ein so weiter Spielraum gelassen ist, ein heftiger, oft selbst erbitterter. Der Wissenschaft wird er, wie auch der Verlauf sein möge, nur Nutzen bringen. Möchte er vor allem die Erkenntniss verbreiten, dass das Einzelne nie Muster des ganzen sein kann, und dass deshalb auch der Typus des Menschen gleich demjenigen aller übrigen Geschöpfe nicht in einem einzelnen Organe, sei es Knochen, sei es Muskel oder Gehirn, sondern nur in der Gesammtheit all seiner körperlichen und geistigen Eigenschaften liegt. Jede Deutung, die nicht diesen Gesichtspunkt festhält, ist nach unserm Dafürhalten eine willkürliche und hat kein Recht, für sich die Lösung der Grundfrage des Menschengeschlechts zu beanspruchen.

IX. Zahlentabellen.

Eine ausführliche Mittheilung der von mir vorgenommenen Messungen erscheint mir in doppelter Hinsicht wünschenswerth. Einmal bilden sie die Grundlage der entwickelten Ansichten, dann aber bin ich auch der Meinung, dass ein System von durch ein rechtwinkliges Coordinatensystem in ihrer Lage bestimmten Punkten der Schädeloberfläche noch für andere als die von mir verfolgten Zwecke sich gebrauchen liesse, um so mehr als ihre absolute gegenseitige Entfernung mit Hülfe der Grösse der Grundlinie sich jeden Augenblick berechnen lässt. Mit ihrer Hülfe können noch eine ganze Menge von Durchmessern wie am wirklichen Schädel bestimmt werden und zwar mit dem Vortheil, dass man sofort das Mittel aus mehreren Einzelfällen erhält. Dem Verständniss der Tabellen, deren Einrichtung in meiner früheren Publication bereits dargethan worden, kommen die Tafeln I und II zu Hülfe. Sie sind die genaue Wiederholung der den dortigen Figuren eingezeichneten Coordinaten. Aufgenommen wurden nur die aus mindestens drei Beobachtungen berechneten Schädel. Eine Ausnahme schien mir indess in einigen ausserordentlich wichtigen Fällen gestattet. Der vordern Frontalebene habe ich die Werthe für die Stellung des obern und untern Orbitalrandes beigefügt, obgleich derselbe nur auf sie projicirt ist; um daran zu erinnern wurde überall die betreffende Ueberschrift eingeklammert (Orb.). In der gleichen Ebene fallen beim Affen der Seitenpunkt (I) des Hirnschädels und der Schläfenpunkt (T) weg; dagegen treten zwei Punkte für die obere (M. s.) und untere Breite (M. i.) des Gesichtes hinzu. Jener liegt dicht unter den Augenhöhlen, dieser über dem Zahnfortsatz. — Alle Abscissen gehören der Grundfläche an; die Neuralordinaten (N. Ord.) messen den Hirnschädel, die Visceralordinaten (V. Ord.) den Gesichtsschädel aus.

Um den Gebrauch der Tabellen zu erleichtern, schicken wir ihnen eine alphabetische Uebersicht ihres Inhaltes voraus; dabei mag auch der Zahl der einer jeden Tabelle zu Grunde liegenden Beobachtungen gedacht werden.

Alphabetische Uebersicht

der in den Tabellen aufgeführten Schädel. Mit Angabe der Zahl einzelner Beobachtungen.

A. Menschen.

	Zahl der Beobachtungen	Nummer d. Tabelle		Zahl der Beobachtungen	Nummer d. Tabelle
Aegyptische Mumie	13.	27.	Lappe	5.	37.
Balinese	6.	22.	Macassar	4.	21.
Baschkir	4.	36.	Mahratte	4.	24.
Botocude	8.	50.	Malabare	6.	16.
Buggise	3.	23.	Neger aus Angola	3	2.
Burnete	5.	31.	Neger aus Congo	7.	1 u. 54.
Buschmann	5.	7.	Neger aus Mozambique	4.	5.
Calmücke	10.	38.	Neger aus Sudan	6.	3.
Caraibe	6.	48.	Negerkind	2.	53.
Chinese	11.	25.	Neu-Holländer	4.	8.
Däne	6.	28.	Nicobare	11.	14.
Europäer, Kind	5.	52.	Nukahiver	3.	10.
Etrusker	4.	43.	Pacaguaner	3.	11.
Finnländer	9	40.	Papo	3	19.
Graubündtner	4	41	Peruaner	10.	51.
Grieche	3.	29.	Puri	3.	49.
Grönländer	34.	13.	Russe	17.	32.
Guanche	3.	45.	Sandwich-Insulaner	3.	17.
Hindu	6.	15.	Schwede	4.	41.
Holländer	8.	12.	Sitkakano	4	47.
Hottentotte	3.	6	Sunda-Insulaner	10.	18.
Javanese	27.	20.	Tartar	9.	30.
Indianer von Nord-Amerika	3.	46.	Tonga, Einwohner von	3.	9.
Jude	5	35.	Türke	5.	34.
Kaffer	8.	4.	Tunguse	7.	36.
Knochenhöhlen Brasiliens	5.	12.	Zigeuner	3.	26.
Kosak	4.	33.			

B. Affen.

	Zahl der Beobachtungen	Nummer d. Tabelle		Zahl der Beobachtungen	Nummer d. Tabelle
Cebus apella	7.	57.	Hylobates fuscus	1	55.
Cercopithecus sabaeus	4.	62.	Pithecus gorilla	2.	61.
Chrysothrix sciurea	2.	56.	Pithecus satyrus adult.	6.	59.
Colobus guereza	2.	64.	Pithecus satyrus Juv.	4.	60.
Cynocephalus sphinx	2.	63.	Troglodytes niger	1.	58.

Tab. I.   **M.**

	O.	O.	L.	II.	III.	IV.	F.	a.	N.	P.	M.	c.	m
A. Ord.													
Abw.													
V. Ord.													

F. p.   **F. m.**

	I.	II.	III.	IV.	I. a.	I. i.	I.	II.	III.	IV.	P.	Z.	M.
A. Ord.													
Abw.													
V. Ord.													

F. a.   Bemerkungen.

	I.	II.	III	IV.	L.	T.	I.	(Orb.)	
A. Ord.									Zahl der untersuchten Schädel: 7.
Abw.									
V. Ord.									Absolute mittlere Distanz der Grundlinie; ...

Tab. 2.   **M.**

	O.	O.	I.	II.	III.	IV.	F.	a.	N.	P.	M.	c.	m.
A. Ord.													
Abw.													
V. Ord.													

F. p.   **F. m.**

	I.	II.	III.	IV.	I. a.	I. i.	I.	II.	III.	IV.	P.	Z.	M.
A. Ord.													
Abw.													
V. Ord.													

F. a.   Bemerkungen.

	I.	II.	III.	IV.	L.	T.	I.	(Orb.)	
A. Ord.									Zahl der untersuchten Schädel: 7.
Abw.									
V. Ord.									Absolute mittlere Distanz der Grundlinie; ...

Tab. 3.

	O.	o.	I.	II.	III.	IV.	F.	n.	N.	P.	M.	c.	m.
N. Ord.													
Abw.													
V. Ord.													

F. p. / **F. m.**

	I.	II.	III.	IV.	I s.	I i.	I.	II.	III.	IV.	p.	Z.	M.
N. Ord.													
Abw.													
V. Ord.													

F. a. / Bemerkungen.

	I.	II.	III.	IV.	L.	T.	t	(Grb.)	
N. Ord.									Zahl der untersuchten Schädel: 6
Abw.									
V. Ord.									Absolute mittlere Grösse der Grundlinie: 98,8 (95—98) Mm.

Normalschädel des Kaffern.

Tab. 4.

	O.	o.	I.	II.	III.	IV.	F.	n.	N.	P.	M.	c.	m.
N. Ord.													
Abw.													
V. Ord.													

F. p. / **F. m.**

	I.	II.	III.	IV.	I s.	I i.	I.	II.	III.	IV.	p.	Z.	M.
N. Ord.													
Abw.													
V. Ord.													

F. a. / Bemerkungen.

	I.	II.	III.	IV.	L.	T.	t	(Grb.)	
N. Ord.									Zahl der untersuchten Schädel: 6
Abw.									
V. Ord.									Absolute mittlere Grösse der Grundlinie: 96,3 (93—103) Mm.

Tab. 5.

	O.	o.	I.	II.	III.	IV.	F.	n.	N.	P.	M.	r.	m.
N. Ord.													
Abw.													
V. Ord.													

			F. p.							**F. m.**			
	I.	II.	III.	IV.	I a.	I i.	I.	II.	III.	IV.	p.	Z.	M.
N. Ord.													
Abw.													
V. Ord.													

			F. n.						Bemerkungen.
	I.	II.	III.	IV.	L.	T.	l.	(Orb.)	
N. Ord.									
Abw.									
V. Ord.									

Normalschädel des Hottentotten.

Tab. 6.

	O.	o.	I.	II.	III.	IV.	F.	n.	N.	P.	M.	r.	m.
N. Ord.													
Abw.													
V. Ord.													

			F. p.							**F. m.**			
	I.	II.	III.	IV.	I a.	I i.	I.	II.	III.	IV.	p.	Z.	M.
N. Ord.													
Abw.													
V. Ord.													

			F. n.						Bemerkungen.
	I.	II.	III.	IV.	L.	T.	l.	(Orb.)	
N. Ord.									
Abw.									
V. Ord.									

Normalschädel des Buschmannes.

Normalschädel des Neu-Holländers.

M.

T.I. Q.	O.	o.	I.	II.	III.	IV.	F.	b.	N.	P.	M.	c.	m.
A. Ord.													
Abw.													
V. Ord.													

	F. p.						**F. m.**						
	I.	II.	III.	IV.	I a.	I b.	I.	II.	III.	IV.	p.	z.	M.
S. Ord.													
Abw.													
V. Ord.													

	F. a.								**Bemerkungen.**
	I.	II.	III.	IV.	I.	T.	L.	(Orb.)	
S. Ord.									
Abw.									
V. Ord.									

Normalschädel des Nukahivers.

M.

Tab. 10.	O.	o.	I.	II.	III.	IV.	F.	b.	N.	P.	M.	c.	m.
N. Ord.													
Abw.													
V. Ord.													

	F. p.						**F. m.**						
	I.	II.	III.	IV.	I a.	I b.	I.	II.	III.	IV.	p.	z.	M.
N. Ord.													
Abw.													
V. Ord.													

	F. a.								**Bemerkungen.**
	I.	II.	III.	IV.	I.	T.	L.	(Orb.)	
N. Ord.									
Abw.									
V. Ord.									

Tab. 11.

	G.	g.	I.	II.	III.	IV.	F.	b.	N.	P.	M.	c.	m.
N. Ord.													
Aber.													
V. Ord.													

F. p.   F. m.

	I.	II.	III.	IV.	I s.	I l.	I.	II.	III.	IV.	p.	Z.	M
N. Ord.													
Aber.													
V. Ord.													

F. m.

	I.	II.	III.	IV.	I s.	T.	I.	(Orb.)	Bemerkungen.
N. Ord.									Zahl der untersuchten Schädel: 2.
Aber.									Absolute mittlere Grösse der Grundlinie: 91.5 (95.5) Mm.
V. Ord.									

Normalschädel aus den Knochenhöhlen Brasiliens (Sumidoiro).

Tab. 12.

	G.	g.	I.	II.	III.	IV.	F.	b.	N.	P.	M.	c.	m.
N. Ord.													
Aber.													
V. Ord.													

F. p.   F. m.

	I.	II.	III.	IV.	I s.	I l.	I.	II.	III.	IV.	p.	Z.	M.
N. Ord.													
Aber.													
V. Ord.													

F. m.

	I.	II.	III.	IV.	I s.	T.	I.	(Orb.)	Bemerkungen.
N. Ord.									Zahl der untersuchten Schädel: 5.
Aber.									Absolute mittlere Grösse der Grundlinie: 98.5 (95.5) Mm.
V. Ord.									

Tab. 13. **M.**

	O.	n.	I.	II.	III.	IV.	F.	a.	N.	P.	M.	c.	m.
N. Ord.													
Abw.													
V. Ord.													

F. p. | **F. m.**

	I.	II.	III.	IV.	I. a	I. i	I.	II.	III.	IV.	p.	Z.	M.
N. Ord.													
Abw.													
V. Ord.													

F. a.

	I.	II.	III.	IV.	I.	T.	I.	rOrb i	Bemerkungen.
N. Ord.									
Abw.									Zahl der ausgewachsenen Schädel: 34.
V. Ord.									Absolute mittlere Höhe der Grundlinie: 95.1

Normalschädel des Nicobaren.

Tab. 14. **M.**

	O.	n.	I.	II.	III.	IV.	F.	a.	N.	P.	M.	c.	m.
N. Ord.													
Abw.													
V. Ord.													

F. p. | **F. m.**

	I.	II.	III.	IV.	I. a	I. i	I.	II.	III.	IV.	p.	Z.	M.
N. Ord.													
Abw.													
V. Ord.													

F. a.

	I.	II.	III.	IV.	I.	T.	I.	rOrb i	Bemerkungen.
N. Ord.									
Abw.									Zahl der ausgewachsenen Schädel: 1
V. Ord.									Absolute mittlere Höhe der Grundlinie:

Tab.15.   **M.**

	O.	o.	L.	H.	III.	IV.	F.	b.	N.	P.	M	c.	m.
N. Ord.													
Abw.													
V. Ord.													

F. p.   **F. m.**

	I.	II.	III.	IV.	I x.	I i.	I.	II.	III.	IV.	p	Z.	M
N. Ord.													
Abw.													
V. Ord.													

F. a.

	I.	II.	III.	IV.	I a.	T.	l.	(Grb.)	Bemerkungen.
N. Ord.									
Abw.									Zahl der untersuchten Schädel: 4.
V. Ord.									Absolute mittlere Grösse der Grundlinie: 97.8 (94—99) Mm.

Tab.16.   **M.**

	O.	o.	L.	H.	III.	IV.	F.	b.	N.	P.	M.	c.	m.
N. Ord.													
Abw.													
V. Ord.													

F. p.   **F. m.**

	I.	II.	III.	IV.	I x.	I i.	I.	II.	III.	IV.	p	Z.	M
N. Ord.													
Abw.													
V. Ord.													

F. a.

	I.	II.	III.	IV.	I a.	T.	l.	(Grb.)	Bemerkungen
N. Ord.									
Abw.									Zahl der untersuchten Schädel: 6.
V. Ord.									Absolute mittlere Grösse der Grundlinie: 94.5 (90—98) Mm.

Tab.17.

	O.	o.	I.	II.	III.	IV.	F.	n	N.	P.	M.	c.	m.
N. Ord.							**M.**						
Abw.													
N. Ord.													

F. p.

	I.	II.	III.	IV.	I s.	I i.
N. Ord.						
Abw.						
N. Ord.						

F. m.

	I.	II.	III.	IV.	p.	Z.	M.
N. Ord.							
Abw.							
N. Ord.							

F. n.

	I.	II.	III.	IV.	L.	T.	t.	(Orb.)
N. Ord.								
Abw.								
N. Ord.								

Bemerkungen.

Zahl der untersuchten Schädel: 2

Absolute mittlere Grösse der Grundfläche

Tab.18.

	O.	o.	I.	II.	III.	IV.	F.	m.	N.	P.	M.	c.	m.
N. Ord.							**M.**						
Abw.													
N. Ord.													

F. p.

	I.	II.	III.	IV.	I s.	I i.
N. Ord.						
Abw.						
N. Ord.						

F. m.

	I.	II.	III.	IV.	p.	Z.	M.
N. Ord.							
Abw.							
N. Ord.							

F. n.

	I.	II.	III.	IV.	L.	T.	t.	(Orb.)
N. Ord.								
Abw.								
N. Ord.								

Bemerkungen.

Zahl der untersuchten Schädel: 3

Absolute mittlere Grösse der Grundfläche

Tab. 19.

M.

	O	o	I.	II.	III.	IV.	F.	n.	N.	P.	M.	c.	m
N. Ord.													
Obs.													
V. Ord.													

F. p. | | | | | | | **F. m.** | | | | | |

	I.	II.	III.	IV.	L.	J. i.	I.	II.	III.	IV.	p.	Z.	N.
N. Ord.													
Obs.													
V. Ord.													

F. a. | | | | | | | | **Bemerkungen.** |

	I.	II.	III.	IV.	L.	T.	L.	(Orb.)	
N. Ord.									Zahl der untersuchten Schädel: 19.
Obs.									Absolute mittlere Grösse der Grundfläche:
V. Ord.									

Normalschädel des Javannesen.

Tab. 20.

M.

	O	o	I.	II.	III.	IV.	F.	n.	N.	P.	M.	c.	m
N. Ord.													
Obs.													
V. Ord.													

F. p. | | | | | | | **F. m.** | | | | | |

	I.	II.	III.	IV.	L.	J. c.	I.	II.	III.	IV.	p.	Z.	M
N. Ord.													
Obs.													
V. Ord.													

F. a. | | | | | | | | **Bemerkungen.** |

	I.	II.	III.	IV.	L.	T.	L.	(Orb.)	
N. Ord.									Zahl der untersuchten Schädel: 27.
Obs.									Absolute mittlere Grösse der Grundfläche:
V. Ord.									

Tab.21.

	O	a	I	II	III.	IV.	F.	u	N.	P.	M.	r	u.
N. Ord.													
Abw.													
V. Ord.													

	F. p.						**F. m.**						
	I.	II.	III.	IV.	I.	I.i	I.	II.	III.	IV.	p.	Z.	M
N. Ord.													
Abw.													
V. Ord.													

	F. n.								**Bemerkungen.**
	I.	II.	III.	IV.	I.	T	I.	(Orb.)	
N. Ord.									
Abw.									
V. Ord.									

Tab.22.

	O.	a.	I.	IV.	III.	IV.	F.	a	N.	P.	M.	r.	u.
N. Ord.													
Abw.													
V. Ord.													

	F. p.						**F. m.**						
	I.	II.	III.	IV.	I.a	I.i	I.	II.	III.	p.	Z.	M	
N. Ord.													
Abw.													
V. Ord.													

	F. a.								**Bemerkungen**
	I.	II.	III.	IV.	I.	T	I.	(Orb.)	
N. Ord.									
Abw.									
V. Ord.									

Tab.23.

M.

	O.	o.	I.	II.	III.	IV.	F.	b.	N.	P.	M.	c.	m.
N. Ord.													
Abw.													
V. Ord.													

F. p.   **F. m.**

	I.	II.	III.	IV.	I a.	I. i.	I.	II.	III.	IV.	p.	Z.	M.
N. Ord.													
Abw.													
V. Ord.													

F. n.

	I.	II.	III.	IV.	I.	T.	I.	(Heb.)	Bemerkungen.
N. Ord.									Zahl der untersuchten Schädel. 3.
Abw.									Absolute mittlere Grösse der Grundlinie: 98.7 mm—94 mm.
V. Ord.									

Tab.24.

M.

	O.	o.	I.	II.	III.	IV.	F.	a.	N.	P.	M.	c.	m.
N. Ord.													
Abw.													
V. Ord.													

F. p.   **F. m.**

	I.	II.	III.	IV.	I. a.	I. i.	I.	II.	III.	IV.	p.	Z.	M.
N. Ord.													
Abw.													
V. Ord.													

F. n.

	I.	II.	III.	IV.	I.	T.	I.	(Heb.)	Bemerkungen.
N. Ord.									Zahl der untersuchten Schädel: 1.
Abw.									Absolute mittlere Grösse der Grundlinie: 91 mm—91½ mm.
V. Ord.									

Tab. 25. **M.**

	O.	o.	I.	II.	III.	IV.	F.	n.	N.	P.	M.	c.	m.
N. Ord.													
Abec.													
V. Ord.													

F. p.

	I.	II.	III.	IV.	I. s	I. i.
N. Ord.						
Abec.						
V. Ord.						

F. m.

	I.	II.	III.	IV.	p.	Z.	M.
N. Ord.							
Abec.							
V. Ord.							

F. n.

	I.	II.	III.	IV.	i.	T.	l.	(Orb.)
N. Ord.								
Abec.								
V. Ord.								

Bemerkungen.

Zahl der untersuchten Schädel: 12.

Absolute mittlere Grösse der Grundlinie. 91.1 (=100) Mm

Tab. 26. **M.**

	O.	o.	I.	II.	III.	IV.	F.	n.	N.	P.	M.	c.	m.
N. Ord.													
Abec.													
V. Ord.													

F. p.

	I.	II.	III.	IV.	I. s	I. i.
N. Ord.						
Abec.						
V. Ord.						

F. m.

	I.	II.	III.	IV.	p.	Z.	M.
N. Ord.							
Abec.							
V. Ord.							

F. n.

	I.	II.	III.	IV.	i.	T.	l.	(Orb.)
N. Ord.								
Abec.								
V. Ord.								

Bemerkungen.

Zahl der untersuchten Schädel: 7.

Absolute mittlere Grösse der Grundlinie. (=100) Mm

Tab. 27.

M.

	0.	o.	I.	II.	III.	IV.	F.	n.	N.	P.	M	c.	m.

F. p. | F. m.

	I.	II.	III.	IV.	I. s.	I. i.	I.	II.	III.	IV.	p	Z.	M.

F. a.

	I.	II.	III.	IV.	L.	T.	l.	(Orb.)	Bemerkungen.

Zahl der untersuchten Schädel: 13.

Absolute mittlere Grösse der Grundlinie: 99.8 (95–96) Mm.

Normalschädel der Dänen aus der Steinperiode.

Tab. 28.

M.

	0.	o.	I.	II.	III.	IV.	F.	n.	N.	P.	M	c.	m.

F. p. | F. m.

	I.	II.	III	IV.	I. s.	I. i.	I.	II.	III.	IV.	p	Z.	M.

F. a.

	I.	II.	III.	IV	L.	T.	l.	(Orb.)	Bemerkungen.

Zahl der untersuchten Schädel: 6.

Absolute mittlere Grösse der Grundlinie: 99.8 (95–100) Mm.

Tab.29.

M.

	O.	o.	I.	II.	III.	IV.	F.	n.	N.	P.	M.	c.	m.
A. Ord.													
Abw.													
V. Ord.													

F. p. | | | | | | **F. m.** | | | | | | |

	I.	II.	III.	IV.	I. a	I. i	I.	II.	III.	IV.	p.	Z.	M
A. Ord.													
Abw.													
V. Ord.													

F. a. | | | | | | | **Bemerkungen.**

	I.	II.	III.	IV.	L.	T.	l.	(Orb.)	
A. Ord.									
Abw.									
V. Ord.									

Zahl der untersuchten Schädel: 5.

Absolute mittlere Grösse der Grundlinie: 95.0 …

Normalschädel des Tartaren.

Tab.30.

M.

	O.	o.	I.	II.	III.	IV.	F.	n.	N.	P.	M.	c.	m.
A. Ord.													
Abw.													
V. Ord.													

F. p. | | | | | | **F. m.** | | | | | | |

	I.	II.	III.	IV.	I. a	I. i	I.	II.	III.	IV.	p.	Z.	M.
A. Ord.													
Abw.													
V. Ord.													

F. a. | | | | | | | **Bemerkungen.**

	I.	II.	III.	IV.	L.	T.	l.	(Orb.)	
A. Ord.									
Abw.									
V. Ord.									

Zahl der untersuchten Schädel: 9.

Absolute mittlere Grösse der Grundlinie: …

Tab.II.   **M.**

	O.	o.	I.	II.	III.	IV.	F.	n.	N.	P.	M.	c.	m.
S. Ord.													
Abw.													
V. Ord.													

F. p.   **F. m.**

	I.	II.	III.	IV.	I a.	I b.	I.	II.	III.	IV.	p.	Z.	M.
S. Ord.													
Abw.													
V. Ord.													

F. a.   Bemerkungen.

	I.	II.	III.	IV.	L.	T.	I.	(Orb.)	
S. Ord.									Zahl der untersuchten Schädel: 5.
Abw.									Absolute mittlere Grösse der Grundlinie: ...
V. Ord.									

Normalschädel des Russen.

Tab.II.   **M.**

	O.	o.	I.	II.	III.	IV.	F.	n.	N.	P.	M.	c.	m.
S. Ord.													
Abw.													
V. Ord.													

F. p.   **F. m.**

	I.	II.	III.	IV.	I a.	I b.	I.	II.	III.	IV.	p.	Z.	M.
S. Ord.													
Abw.													
V. Ord.													

F. a.   Bemerkungen.

	I.	II.	III.	IV.	L.	T.	I.	(Orb.)	
S. Ord.									Zahl der untersuchten Schädel: 17.
Abw.									Absolute mittlere Grösse der Grundlinie: ...
V. Ord.									

Tab. 33.

	O.	o.	I.	II.	III.	IV.	F.	n.	N.	P.	M.	c.	m.
A. Ord.													
Abs.													
V. Ord.													

			F. p.							F. m.				
	I.	II.	III.	IV.	I. a.	I. i.	I.	II.	III.	IV.	p.	Z.	M.
A. Ord.													
Abs.													
V. Ord.													

			F. a.						Bemerkungen.
	I.	II.	III.	IV.	L.	T.	l.	(Orb.)	
A. Ord.									Zahl der untersuchten Schädel. 1.
Abs.									Absolute mittlere Grösse der Grundlinie
V. Ord.									

Normalschädel des Türken.

Tab. 34.

	O.	o.	I.	II.	III.	IV.	F.	n.	N.	P.	M.	c.	m.
A. Ord.													
Abs.													
V. Ord.													

			F. p.							F. m.				
	I.	II.	III.	IV.	I. a.	I. i.	I.	II.	III.	IV.	p.	Z.	M.
A. Ord.													
Abs.													
V. Ord.													

			F. a.						Bemerkungen.
	I.	II.	III.	IV.	L.	T.	l.	(Orb.)	
A. Ord.									Zahl der untersuchten Schädel. 5.
Abs.									Absolute mittlere Grösse der Grundlinie
V. Ord.									

14*

Tab. XX. M.

	O.	o.	I.	II.	III.	IV.	F.	a.	N.	P.	M.	c.	m.

F. p.   F. m.

	I.	II.	III.	IV.	I a.	I b.	I.	II.	III.	IV.	p.	Z.	M.

F. n.   Bemerkungen.

	I.	II.	III.	IV.	L.	T.	l.	(Orb.)

Zahl der untersuchten Schädel: 5.

Absolute mittlere Grösse der Grundmaße: ...

Tab. XX. M.

	O.	o.	I.	II.	III.	IV.	F.	a.	N.	P.	M.	c.	m.

F. p.   F. m.

	I.	II.	III.	IV.	I a.	I b.	I.	II.	III.	IV.	p.	Z.	M.

F. n.   Bemerkungen.

	I.	II.	III.	IV.	L.	T.	l.	(Orb.)

Zahl der untersuchten Schädel: 4.

Absolute mittlere Grösse der Grundmaße: ...

Tab. V.

	Gl.	o.	I.	II.	III.	IV.	F.	a.	N.	P.	M.	c.	m.
N. Ord.													
Aber.													
T. Ord.													

	F. p.						F. m.						
	I	II	III	IV	L o.	L i.	I.	II.	III.	IV.	p.	Z.	N.
N. Ord.													
Aber.													
T. Ord.													

	F. a.								Bemerkungen
	I.	II.	III.	IV.	L.	T.	l.	(Orb.)	
N. Ord.									
Aber.									
T. Ord.									

Normalschädel der Tungusen.

Tab. N.

	Gl.	o.	I.	II.	III.	IV.	F.	a.	N.	P.	M.	c.	m.
N. Ord.													
Aber.													
T. Ord.													

	F. p.						F. m.						
	I.	II	III.	IV	L o.	L i.	I.	II.	III.	IV	p.	Z.	N
N. Ord.													
Aber.													
T. Ord.													

	F. a.								Bemerkungen.
	I.	II.	III.	IV.	L.	T.	l.	(Orb.)	
N. Ord.									
Aber.									
T. Ord.									

Normalschädel des Calmücken.

Tab. 79.

M.

	O.	α.	I.	II.	III.	IV.	F.	b	N	P	M	c	m
N. Ord.													
Uec.													
V. Ord.													

F. p. / **F. m.**

	I.	II.	III.	IV.	I. a	I. i	I.	II.	III.	IV.	p	Z	M
N. Ord.													
Uec.													
V. Ord.													

F. n.

	I.	II.	III.	IV.	L.	T.	I.	(Orb.)	Bemerkungen.
N. Ord.									
Uec.									Zahl der untersuchten Schädel: 10
V. Ord.									Absolute mittlere Grösse der Grundfläche: …

Normalschädel des Finnländers.

Tab. 80.

M.

	O.	α.	I.	II.	III.	IV.	F.	α	N	P	M	c	m
N. Ord.													
Uec.													
V. Ord.													

F. p. / **F. m.**

	I.	II.	III.	IV.	I. a	I. i	I.	II.	III.	IV.	p	Z	M
N. Ord.													
Uec.													
V. Ord.													

F. n.

	I.	II.	III.	IV.	L.	T.	I.	(Orb.)	Bemerkungen.
N. Ord.									
Uec.									Zahl der untersuchten Schädel: 9
V. Ord.									Absolute mittlere Grösse der Grundfläche: …

NACHTRÄGE

1. Höhe des Schädels.

Als von den Formverhältnissen der Medianebene des Hirnschädels die Rede war, habe ich zwar angegeben, dass ihre grösste Höhe keine wesentlichen Verschiedenheiten darbiete, aber ich habe unterlassen, eine Zusammenstellung der betreffenden Zahlen zu geben. Bei der Wichtigkeit der Sache will ich hier das Versäumte nachholen.

	Schädelhöhe
Etrusker, Buschmann	152
Graubündtner, Türke, Javanese, Zigeuner	151
Guanche, Holländer, Grieche, Sandwichinsulaner, Macassare, Nukahiver	150
Däne, Aeg. Mumie, Chinese, Nicobare	149
Russe, Mahratte, Buggise, Hindu, Knochenhöhlen Brasiliens	148
Lappe, Jude, Kosak, Tartar, Botocude, Sunda-Insulaner	147
Baschkire, Caraibe, Balinese, Neu-Holländer, Mozambiqueneger, Malabare, Pacaguarauer	146
Hottentotte, Neger aus Sudan	145
Schwede	144
Kaffer, Calmücke	143
Finnländer, Grönländer, Angolaneger	142
Puri, Sitkakane	141
Indianer von Nord-Amerika	140
Einwohner von Tonga	139
Tunguse, Congoneger	138

Dass es an Unterschieden nicht fehlt, zeigt der erste Blick, doch lehrt ein zweiter, dass eine typische Bedeutung denselben nicht zukommt. Vorerst sind alle Stämme auf das bunteste durcheinandergewürfelt. Ein Neger beginnt und schliesst die Reihe. Dann aber beweisen auch die Grenzwerthe der Tabellen, dass die gleichen Schwankungen innerhalb eines jeden Volkes vorkommen. Bei der verhältnissmässig kleinen Anzahl untersuchter Schädel ist es mehr oder minder Zufall, wie das Resultat sich gestaltet. Wichtig wäre ein solches nur dann, wenn es eine bestimmte Beziehung zur Länge oder Breite erkennen liesse, so dass mit Schmalheit z. B. grosse oder aber geringe Höhe sich verbände. Dem ist jedoch nicht so. Auf die Bedeutung einiger auffällig hohen und niedrigen Werthe haben wir früher schon aufmerksam gemacht. Der geringe Werth des Congonegers ist sicher nicht typisch; er wird grossentheils dadurch bedingt, dass seine Mittelzahl durch den extremen Schädel auf Tab. 54 herabgedrückt wird. Die mittlere Höhe des Menschenschädels liegt zwischen 146 und 147½ der Grundlinie.

16*

2. Bildung der Stirn.

Für den individuellen Charakter des Schädels ist die Stirnlinie von hoher Bedeutung. Es bedarf nur einer kleinen Zahl von Köpfen, um Verschiedenheiten derselben nachzuweisen. Mit besonderer Vorliebe wird nach geringer Entwicklung und flacher Gestaltung dieses Theiles bei solchen Völkern, die man gern als niedrig darstellen möchte, gesucht, und die flache Stirn des Negers wird immer und immer wieder, trotz entgegenstehender Angaben, betont. In der Regel werden auch zur biblischen Darstellung solche „typische" Formen gewählt, und nicht wenige der abgebildeten Negerschädel lassen denn auch mit Bezug auf die Offenbarung ihres affischen Charakters nichts zu wünschen übrig. Eine unbefangene Rundschau lehrt indessen, dass ähnliche Vorkommnisse überall sich finden und dass die mittlere Stirnbildung verschiedener Völker viel kleinere Unterschiede darbietet, als man in der Regel anzunehmen geneigt ist. Sie beruhen vorzugsweise darauf, dass starke Verkürzung des Hinterhauptes eine Erhöhung des Vorderkopfes veranlasst (Javanese) und dass in einzelnen Fällen der ganze Hirnschädel sich nach hinten und unten schiebt (Tunguse). Dort tritt dann allerdings die Stirn weiter vor, hier weiter zurück. Als Stirnlänge (F. s.) habe ich gefunden:

Nicobare, Hindu	133
Etrusker, Zigeuner	132
Russe, Javanese, Däne, Aeg. Mumie, Chinese, Makassare, Buggise, Knochenhöhlen Brasiliens	131
Kosak, Grieche, Balinese, Sunda-Insulaner, Sandwich-Insulaner, Hottentotte, Paraguaraner, Neger aus Sudan	130
Lappe, Türke, Holländer, Tartar, Bedecude, Nukabiver, Buschmann, Neger von Mozambique und Angola	129
Grönländucr, Jude, Guanche, Baschkire, Schwede, Finnländer, Mahratte, Kaffer .	128
Caraibe, Neu-Holländer, Malabare, Grönlander, Congoneger	127
Calmücke, Puri	126
Sitkakane	124
Indianer von Nord-Amerika	122
Tunguse	120

Etwas Typisches für die Hauptgruppen des Menschengeschlechts kommt nicht zum Vorschein. Als mittlere Länge ergibt sich, wenn wir von der secundär flachen Form (Calmücke u. s. w.) absehen, 129,8. Die Höhe des vordersten Punktes liegt zwischen 40 und 53. Das Mittel beträgt etwa 47. Bei einem von mir untersuchten Flathead aus Amerika ging der Punkt bei einer Höhe von 46 auf 117 zurück.

Die für die Physiognomie so wichtige Steilheit der Stirn kann durch den Winkel bestimmt werden, den sie mit der Basilarebene bildet. Ich habe denselben für einige Fälle angesucht.

	Neigungswinkel der Stirn
Chinese, Javanese	73°
Holländer	76°
Schwede, Tartare	77°
Lappe, Puri	80°
Caraibe, Calmücke	81°
Bewohner von Tonga	82°
Indianer von Nord-Amerika . .	83°
Tunguse	85°
Flathead	87°

Die Zunahme des Winkels drängt die Stirn nach rückwärts. Je mehr sie sich vorwölbt, um so kleiner wird er. Bei Kinderschädeln nimmt er deshalb ab. Er betrug in unsern beiden Fällen (Tab. 52 und 53) beim Neger 67, beim Europäer 69°.

3. Medianbogen des Hirnschädels.

Der Schluss der Schädelhöhle nach aufwärts erfolgt durch sagittale Ausdehnung der 3 Wirbel-bogen, deren Ränder, durch zackige Naht zusammengefügt, nach hinten an das Foramen magnum, nach vorn an die Sutura naso-frontalis anstossen. Es ist von Interesse, den Antheil kennen zu lernen, den ein jeder dieser Wirbel an der Bildung des Schädeldaches nimmt. Namentlich entsteht die Frage, wo der Ausgangspunkt für die starke Verkürzung oder Verlängerung im Bereiche des Hinterhauptes zu suchen sei. In meinen Messungen hatte ich nur die Grenze zwischen dem Stirn- und Scheitelbein (M. c.) zu bestimmen gesucht und dabei gefunden, dass sie im allgemeinen bei steilen Stirnen weiter vorn liegt, als bei flachen, jedoch sind Abweichungen hiervon äusserst häufig. Für die Länge des Stirnbogens ergiebt sich indessen daraus nur wenig und ich habe deshalb diesen Mangel noch nachträglich durch directe Messung zu ersetzen gesucht, dabei auch mein Augenmerk den beiden andern Wirbelbogen zuge-wendet. Wegen Mangel an Material war ich grossentheils auf fremde Beobachtungen angewiesen. Ich fand solche in grösserer Anzahl in den Crania selecta von Baer, in den Crania Helvetica von His und Rütimeyer, endlich auch in den Mém. de la soc. d'anthrop. de Paris. T. I. von Pruner-Bey. Die Werthe wurden überall in der Weise von mir berechnet, dass ich die Gesammtlänge des Bogens, also ihre Summe = 100 setzte.

		Stirnbogen.	Scheitelbogen.	Hinterhaupts-bogen.	Zahl der Messungen.	Beobachter.
Aeg. Mumie	Masc.	31.5	36.7	31.9	7	Pruner-Bey
	Masc.	30.9	38.9	30.4	4	"
	Fem.	31.9	38.3	29.7	5	"
Fellah		79.8	37.8	32.4	1	"
Berber	Masc.	30.3	39.6	30.1	3	"
	Fem.	29.2	38.8	31.8	2	"
Araber	Masc.	30.6	37.4	31.9	10	"
	Fem.	31.9	37.3	31.0	3	"
Hindu		32.1	36.2	31.7	5	"
Neger	Masc.	29.5	38.3	32.1	21	"
	Fem.	31.2	37.1	31.7	12	"
Papua		33.8	34.1	32.3	3	v. Baer.
Alfuru		31.6	31.9	30.1	4	"
Calmücke	Masc.	33.2	33.1	31.7	10	"
	Fem.	31.8	31.8	30.1	5	"
Mongole		34.3	33.9	31.6	2	"
Chinese		35.7	33.3	31.0	5	"
Aleute von Unalaschka		33.8	35.9	30.3	6	"
Aleute von Atcha		36.2	34.5	29.3	2	"
Kadjak		31.5	34.0	31.1	3	"
Schweizer: Hohberg		33.7	34.6	31.5	13	His
Sion		31.8	33.6	31.2	29	"
Disentis		35.1	34.4	31.1	34	"
Schweizer	Masc.	35.3	33.9	30.7	70	Aeby.
	Fem.	31.8	33.7	31.3	12	"
	Kind	32.1	37.3	30.2	3	"

Aus diesen Zahlen geht vor allem hervor, dass von den 3 Schädelwirbeln der hinterste die gleichmässigste Grösse besitzt. Dagegen macht sich ein bemerkenswerther Antagonismus geltend zwischen

Stirn und Scheitelbein. In den einen Schädeln sind sie vollkommen oder annähernd gleich, und dann übertreffen beide das Hinterhauptbein, in den andern vergrössert sich das Scheitelbein auf Kosten des Stirnbeines, und dann wird jenes weitaus zum grössten Stücke des Schädeldaches, während dieses auf die Grosse des Hinterhauptbeines oder selbst darunter herabsinkt. Es ist bemerkenswerth, dass solches bei kindlichen Schädeln auch dann bemerkt wird, wenn beim Erwachsenen ein anderes Verhältniss herrscht.

Unsere Tabelle ist noch zu kurz, um einen Einblick in die Beziehungen zu gestatten, welche möglicherweise zwischen diesen Ergebnissen und den allgemeinen Schädelformen vorhanden sind. Vorsicht dürfte um so mehr geboten sein, als die individuellen Verschiedenheiten jedenfalls sehr bedeutend sind. So fand ich für 3 Schädel von Grönländern:

Stirnbogen.	Scheitelbogen.	Hinterhauptsbogen.
34.7	30.6	34.7
31.9	30.9	34.2
31.7	35.7	29.6

Wir sehen hier Compensation zwischen dem mittleren und hintern Bogen, und gleiches finde ich auch bei unsern Schweizerschädeln. Ich lasse deshalb die morphologische Bedeutung dieser Verhältnisse vor der Hand dahingestellt. Ein Unterschied zwischen Mann und Weib ist nicht vorhanden. Entweder sind sie sich gleich oder die Verschiedenheiten sind entgegengesetzter Art. Es spricht diess gegen die Angabe von Gratiolet[1], dass im Weibe, gleich wie im Kinde, der Scheitelwirbel vorherrsche. Unsere Zahlen bestätigen aber auch von neuem die Richtigkeit des schon früher gegen dessen Eintheilung der Schädelformen in occipitale (Neger), parietale (Malaien), und frontale (Europäer) erhobenen Einwurfes. Seine Theorie steht im grellsten Widerspruche mit der Wirklichkeit; die Schädelwirbel verhalten sich ganz anders, als jene verlangt.

Man hat in neuerer Zeit der Beziehung unseres Schädelbogens zu der Basis Aufmerksamkeit geschenkt und sie bei dem Weibe günstiger gefunden als bei dem Manne.[2] Die Ursache liegt einfach in der stärkeren Entwicklung des Hinterhauptes, da, wie wir früher gezeigt haben, alle übrigen Verhältnisse die gleichen sind. Die Länge des Bogens fällt und steigt mit der Länge des Hinterhauptes; es darf diess ja nicht als eine Aenderung des Hirnschädels überhaupt betrachtet werden.

4. Raumverhältnisse des Schädels.

Die Raumverhältnisse des Schädels zu kennen, ist in mehrfacher Hinsicht von hoher Bedeutung. Wir haben früher die Frage offen gelassen, ob der Einfluss der Formverschiedenheit auf den Rauminhalt durch ungleiche absolute Grösse aufgehoben werde oder nicht. Erst nachdem der Druck der betreffenden Bogen bereits beendigt war, verfiel ich auf eine Methode, durch welche die Angelegenheit für den Flächenraum mit voller Sicherheit, für den Kubikinhalt wenigstens annähernd sich erledigen liess. Sie besteht in der Messung der Flächen vermittelst eines sehr feinen Netzes von Quadraten, einem Verfahren, das ebensowohl durch Genauigkeit, als Bequemlichkeit sich empfiehlt. Man hat weiter nichts zu thun, als die Zahl der von irgend einer Curve umschlossenen Quadrate zu zählen. Ich habe die Raumbestimmung für die 4 Haupttypen angeführt, welche auf Taf. V. dargestellt sind und in denen der ganze Einfluss der Länge und Breite zu Tage tritt. Im Mozambiqueneger findet die kurze, im Hottentotten die lange Stenocephalie ihren Vertreter; der Lappe und der Guanche gehören der Eurycephalie an, jener mit kürzerem, dieser mit längerem Hinterhaupte. Von Ebenen habe ich ausser der medianen (Taf. V. Fig. 4.) noch die hintere frontale und die horizontale (Taf. V. Fig. 2.) gemessen.

[1] Bull. de la soc. d'anthrop. de Paris. T. II. p. 234.
[2] Ich will bei dieser Gelegenheit nicht unterlassen, darauf aufmerksam zu machen, dass in der Tab. II von Welcker (Wachsthum und Bau u. s. w.) die Länge der weiblichen Grundlinie irrig zu 85 statt zu 91 nach Tab. IV. angegeben ist. Für alle Reductionen ist diess von Wichtigkeit.

Gehen wir zunächst von den reduzirten Schädeln aus, die, dem Einflusse der natürlichen Grösse entrückt, unmittelbar unter einander vergleichbare Werthe liefern. Es beträgt dann der Gehalt der einzelnen Flächen an Quadrateinheiten der zu 100 gesetzten Grundlinie:

	Medianebene			Hint. Frontalebene	Horizontalebene
	Hirnschädel	Gesicht	Verhältniss		
Neger von Mozambique .	20408	3686	5,6 : 1	—	21575
Hottentotte	21653	3469	Mittel: 5,9 : 1	17580	22991
Lappe	21865	3469	3620 6,0 : 1	19419	26589
Guanche	23836	3858	6,6 : 1	—	28239

Wir haben hier direct vergleichbare Maasse sowohl für die Ebenen ein und desselben, als auch verschiedener Schädel und wir können daran den Einfluss der Gestaltveränderung unmittelbar erkennen. Die Schwankungen des Gesichtsschädels sind nur individuelle; ich habe sie deshalb zu einem Mittel berechnet. Die Bedeutung der Unterschiede ist eine verschiedene. In der Medianebene wird sie bloss durch das Hinterhaupt, in der Frontalebene durch den Querdurchmesser, in der Horizontalebene durch beide bestimmt; sie muss also hier weitaus am grössten sein. In der frontalen Ebene herrscht Gleichheit zwischen je den zwei schmalen und breiten Schädeln; ich habe deshalb auch nur den einen von beiden berechnet. Um das Maass der Flächenzunahme zu erkennen, setzen wir die Werthe des kleinsten Schädels (Mozambiquenegers) gleich 1 und berechnen darnach die andern:

	Medianebene	Frontalebene	Horizontalebene
Neger von Mozambique	1	1	1
Hottentotte	1,06	1	1,07
Lappe	1,07	1,10	1,23
Guanche	1,12	1,10	1,31

Bleibt das Gesicht gleich, so nimmt die Verhältnisszahl für den Hirnschädel mit dem Wachsthum des Hinterhauptes in entsprechendem Maasse zu.

Wir haben hier den augenscheinlichen Beweis, wie der Flächeninhalt der Ebenen mit ihrer Form wechselt. Eine Ausgleichung liesse sich leicht gewinnen, wenn wir die absolute Grösse in passender Weise abändern. Dass diese nicht überall die gleiche ist, wissen wir bereits (S. o. p. 41). Um den Einfluss ihrer Verschiedenheit festzustellen, haben wir weiter nichts zu thun, als unsere Zahlen mit den Quadraten der absoluten Länge der Grundlinie zu multipliziren und mit den Quadraten ihres bisher angenommenen Werthes, also mit 10,000, zu dividiren. Das Resultat ist die natürliche Grösse der Schädelflächen in Quadratmillimetern. Die Grundlinie des Mozambiquenegers ist 94, des Hottentotten 89, des Lappen 96 und des Guanchen 65 Mm. Wir erhalten deshalb:

	Medianebene	Frontalebene	Horizontalebene
Neger von Mozambique	18032 ⬜ Mm.	15534 ⬜ Mm.	19064 ⬜ Mm.
Hottentotte	17157 „	13925 „	18211 „
Lappe	16171 „	14366 „	19650 „
Guanche	17221 „	14030 „	20402 „

Setzen wir auch hier der Uebersichtlichkeit wegen den Neger von Mozambique gleich 1, so erhalten wir:

	Medianebene	Frontalebene	Horizontalebene
Neger von Mozambique . .	1	1	1
Hottentotte	0,95	0,89	0,95
Lappe	0,90	0,93	1,03
Guanche	0,95	0,90	1,07

Das Resultat unserer Rechnung ist merkwürdig genug. Es zeigt, dass die Compensation der Form durch die Grösse eine mehr als vollständige sein kann. Der so ungünstig gebaute Schädel des Mozambiquenegers besitzt in der Median- und Frontalebene den grössten Flächeninhalt und bleibt nur in der Horizontalebene hinter dem Lappen und Guanchen zurück. Da die Länge der Grundlinie individuell ausserordentlich abändert, so wird der Erfolg nicht immer der gleiche sein. Nehmen wir das Mittel der beiden Neger für die Stenocephalie, desjenige des Lappen und Guanchen für die Eurycephalie und beziehen wir beide auf Grundlinien, welche als allgemeines Mittel beider Schädelformen zu betrachten sind (92 Mm. für Stenocephalie und 86 Mm. für Eurycephalie nach p. 41), so erhalten wir:

	Medianebene	Frontalebene	Horizontalebene
Stenocephalie	17812 Mm. = 1,	14880 ☐ Mm. = 1,	18860 ☐ Mm. = 1.
Eurycephalie	18099 „ = 1,02,	15382 „ = 1,03,	21707 „ = 1,16.

Im ganzen besitzen demnach die eurycephalen Formen, wenn auch nicht sehr grossen, doch entschiedenen Vorsprung in der absoluten Grösse.

Die genaue Berechnung des Cubikinhaltes ist wegen der Unregelmässigkeiten der Schädelform nicht möglich. Immerhin lässt er sich so weit bestimmen, dass die uns beschäftigende Frage der Compensation ihre Lösung findet. Wir benutzen dazu den Flächeninhalt der Median- und Horizontalebene. Dividiren wir die letztere durch die Schädellänge, so erhalten wir die mittlere Schädelbreite; diese mit dem Flächeninhalt der Medianebene multiplizirt, giebt den Cubikinhalt eines Schädels, dessen mittlere Breite in seiner ganzen Höhe gleich bleibt. In Wirklichkeit ist diess nun freilich nicht der Fall, da der Schädel von dem Punkte grösster Breite nach oben und unten sich verjüngt. Es müssen deshalb die gefundenen Werthe grösser sein als die wirklichen Schädelcapacitäten; immerhin werden sie deren Beziehungen unter einander aufdecken können, da das Verhältniss des berechneten zu dem wahren Inhalte überall im ganzen das gleiche bleibt. Gehen wir zunächst von der 100theiligen Grundlinie aus, so erhalten wir:

	Mittl. Schädelbreite	Cubikinhalt
Neger von Mozambique	114	2326512 = 1
Hottentotte	115	2493545 = 1,07
Lappe	132	2886180 = 1,24
Guanche	134	3194024 = 1,33

Mit Hilfe der absoluten Länge berechnet sich hieraus der wirkliche Inhalt unserer Schädel in Cubikmillimetern folgendermassen:

Neger von Mozambique	1888871 = 1
Hottentotte	1757949 = 0,93
Lappe	1835899 = 0,97
Guanche	1667232 = 0,88

Bemerkenswerth ist, wie die Ungunst der Formverhältnisse durch bedeutendere Grösse so vollständig ausgeglichen wird, dass die in unterworfenen Schädel günstiger sich stellen, als die anderen. Der kurze und schmale Schädel des Mozambiquenegers übertrifft an Innenraum den breiten und langen Schädel des Guanchen. Dass dem übrigens nicht immer so ist, dass vielmehr die stenocephalen Schädel durchschnittlich weniger geräumig sind, als die eurycephalen, beweisen die Ergebnisse, wenn wie oben die mittleren Grundlinien der beiden Hauptgruppen zur Verwendung kommen. Dann ergiebt sich als mittlerer Cubikinhalt:

Stenocephalie	1870369 ☐ Mm. = 1
Eurycephalie	2143272 „ = 1,14

Die letzteren sind demnach durchgängig um etwa ⅐ geräumiger. Vergleichen wir dieses Resultat mit dem durch directe Bestimmung des Schädelraumes gewonnenen, so finden wir die vollständigste Uebereinstimmung. Nach einer von C. Vogt (Vorlesungen, I. pag. 104) mitgetheilten Tabelle beträgt das mittlere Maass des Schädelraumes für stenocephale Völker 1286, für eurycephale 1470 Cubikmillimeter. Das Verhältniss beider ist ebenfalls 1 : 1,14 und es darf deshalb auf diese durch ganz verschiedene Methoden gefundenen Zahlen wohl ein besonderes Gewicht gelegt werden. Von unserm berechneten Raume geht, wie wir sehen, in Wirklichkeit ungefähr ⅓ für den Schädel verloren.

Erklärung der Abbildungen.

Allen Tafeln gemeinsam sind:

B. Basilar- oder Grundfläche. Zwischen dem Gehirn- und Gesichtsschädel gelegen, schickt sie nach aufwärts die Neuralordinaten (N. Ord. der Tabellen), nach abwärts die Visceralordinaten (V. Ord. der Tabellen) aus, während die Abscissen in sich selbst aufnimmt. Ihre Lage wird bestimmt durch die Richtung der Grundlinie, deren Anfangspunkt in 0, deren Endpunkt in 100 sich befindet, und die als Maass für alle übrigen Durchmesser dient. Die Medianebene durchsetzt die Grundfläche in sagittaler, die Frontalebene in transversaler Richtung. Selbstverständlich kommt die Grundlinie nur auf jener zum Vorschein.

M. Medianebene.

Taf. I und Tafel II. enthalten die durch den Schädel gelegten von dem Messverfahren geforderten Flächen. Die gemessenen Ordinaten und Abscissen sind überall eingezeichnet. Der Nullpunkt der Frontalebenen liegt in dem Kreuzungspunkte der Grund- und Medianfläche, derjenige der Medianfläche fällt an das hintere Ende der Grundlinie. In allen Frontalebenen entsprechen demnach die gegebenen Abscissen nur der halben Schädelbreite. Alle gemessenen Punkte sind in der Zeichnung hervorgehoben. In meiner früheren Publikation wurde die hintere Schnittfläche der Frontalebenen gezeichnet; in der gegenwärtigen habe ich die vordere darstellen lassen, weil mir in ihr die Verhältnisse klarer hervorzutreten scheinen. Die Durchschnittsfläche selbst ist natürlich die gleiche.

Taf. III. bis Taf. VII. zeigen ideale Durchschnittsflächen, deren Umrisse aus den berechneten Zahlen construirt worden. Sämmtliche Figuren sind auf der gleichen Grundlinie errichtet und deshalb nach Form und Grösse direct vergleichbar.

Taf. I. Fig. 1. Seitenansicht des Schädels mit Grundlinie, Grundfläche und Frontalebenen.

B. Grundfläche; F. p. hintere

F. m. mittlere } Frontalebene.

F. a. vordere

Fig. 2. Medianebene.

I—IV, in gleichen Abständen auf der Grundlinie errichtete Ordinaten. — O. Protuberantia occipitalis ext. o, hinterer Umfang des For. magnum. Die betreffende Ordinate misst die Erhebung des For. magn. über die Grundfläche und ausserdem die Höhe der darüber gelegenen Schädelwölbung — F. s. und F. i., oberer und unterer Stirnpunkt. — c. Sutura coronaria. — M. Spina nas. ant. — P, hinterer Rand des harten Gaumens. — N. Nasenspitze — n, Sutura naso-frontalis.

Taf. II. Fig. 1. Hintere Frontalebene. I—IV, in gleichen Abständen errichtete Ordinaten — IV, misst die grösste Breite des Schädelgrundes in ihrer Stellung zur Grundfläche und ausserdem die Höhe der darüber liegenden Schädelwölbung. — I i, unterer Seitenpunkt, Punkt der grössten Schädelbreite. — I s, oberer Seitenpunkt, Grenze zwischen Schläfen- und Scheitelfläche.

Fig. 2. Mittlere Frontalebene. I —IV, in gleichen Abständen errichtete Ordinaten. — IV, Punkt der grössten Breite. — Z. Jochbogenbreite — M. Oberkieferbreite — p, processus »pinosus, Fusspunkt der Curve.

Fig. 3. Vordere Frontalebene. I—IV, in gleichen Abständen errichtete Ordinaten. — IV, bezeichnet gleichzeitig die Breite des Hirn- und Gesichtsschädels, wo proc. zyg. des Stirnbeins und proc. front. des Jochbeins zusammentreffen. — I, Seitenpunkt, grösste Breite der Schädelkapsel — T, tiefster Punkt der foss. temp. in der Durchschnittslinie. — L, Thränenbein, innere Wand der Augenhöhle.

Taf. III. Umriss der Medianebene, um in Fig. 1 den Einfluss des Hinterhauptes auf das Vorderhaupt, in Fig. 2 die zuweilen vorkommende allgemeine Abflachung des Hirnschädels in Folge seiner Rückwärtsdrehung zu zeigen.

Taf. IV. Frontalebenen von verschiedener Breite. Die Verschiedenheit der Höhe ist keine typische, sondern nur eine zufällige, da die Schädelwölbung nicht überall an demselben Punkte von den Frontalebenen geschnitten wird.

Taf. V. Stenocephale und oxycephale Schädel mit längerem und kürzerem Hinterhaupt im Median- und Horizontaldurchschnitt, zum Beweis, dass Retzius in seiner Dolicho- und Brachycephalie durchaus verschiedene Dinge zusammenwirft.

— — — 132

Taf VI. Fig 1. Medianebene von 3 Javanesenschädeln mit extremen Verschiebungen nach auf-
warts und abwärts, mit consecutiver Erhöhung und Erniedrigung

Fig 2. Medianebenen von jungen und alten Menschen- und Affenschädeln, um deren
gegenseitige Stellung zu kennzeichnen. Der Congoneger vertritt die niedrigste von mir beobachtete
Stufe des menschlichen Typus

Taf VII. Fig 1. Medianebenen der wichtigsten Affenschädel. Fig 2. hintere, Fig. 3 mittlere
Frontalebenen von Affen- und Menschenschädeln, um deren Verschiedenheit darzuthun

Tab. 11.

M.

	O.	o.	I.	II.	III.	IV.	F.	n.	N.	P.	M.	c.	m.

F. p. · **F. m.**

	I.	II.	III.	IV.	I. o.	I. i.	I.	II.	III.	IV.	p.	Z.	M.

F. a. · Bemerkungen.

	I.	II.	III.	IV.	L.	T.	I.	(Orb.)

Zahl der untersuchten Schädel 1

Absolute mittlere Grösse der Grundlinie. 97.3 (94 – 99) Mm

Tab. 12.

M.

	O.	o.	I.	II.	III.	IV.	F.	n.	N.	P.	M.	c.	m.

F. p. · **F. m.**

	I.	II.	III.	IV.	I. o.	I. i.	I.	II.	III.	IV.	p.	Z.	M.

F. a. · Bemerkungen.

	I.	II.	III.	IV.	L.	T.	I.	(Orb.)

Zahl der untersuchten Schädel 3

Absolute mittlere Grösse der Grundlinie. 98.6 (94 – 99) Mm

Tab. 13.

	U	o	I.	II.	III.	IV.	F.	n.	N.	P.	M.	c.	m.
N. Ord.													
Abw.													
V. Ord.													

F. p.   **F. m.**

	I.	II.	III.	IV.	l. o.	l. i.	l.	II.	III.	IV.	p	Z.	M.
N. Ord.													
Abw.													
V. Ord.													

F. a.

	I.	II.	III.	IV.	l.	T.	l.	(Orb.)	Bemerkungen.
N. Ord.									Zahl der untersuchten Schädel 4
Abw.									Absolute mittlere Grösse der Grundlinie
V. Ord.									

Tab. 14.

	U	o	I.	II.	III.	IV.	F	n	N	P	M.	c	m.
N. Ord.													
Abw.													
V. Ord.													

F. p.   **F. m.**

	I.	II.	III.	IV.	l. o.	l. i.	l.	II.	III.	IV.	p	Z.	M.
N. Ord.													
Abw.													
V. Ord.													

F. a.

	I.	II.	III.	IV.	l.	T.	l.	(Orb.)	Bemerkungen.
N. Ord.									Zahl der untersuchten Schädel 4
Abw.									Absolute mittlere Grösse der Grundlinie
V. Ord.									

Tab. 45.

	O	o	I.	II.	III.	IV.	F.	u.	N.	P.	M.	r.	m.

F. p.

	I.	II.	III.	IV.	I s	L i	I.	II.	III.	IV.	p.	Z.	M

F. m.

	I.	II.	III.	IV.	i.	T.	l.	(Orb.)	Bemerkungen.

Zahl der untersuchten Schädel: 3.

Absolute mittlere Grösse der Grundlinie ...

Normalschädel des Indianers von Nord-Amerika.

Tab. 46.

	O	o	I.	II.	III.	IV.	F.	u.	N.	P.	M.	r.	m.

F. p.

	I.	II.	III.	IV.	I s.	I i.	I.	II.	III.	IV.	p.	Z.	M.

F. m.

	I.	II.	III.	IV.	i.	T.	l.	(Orb.)	Bemerkungen.

Zahl der untersuchten Schädel: 5.

Absolute mittlere Grösse der Grundlinie ...

Tab. 17.

M.

	O.	o.	I.	II.	III.	IV.	F.	b.	N.	P.	M.	c.	m.
N. Ord.													
Abw.													
V. Ord.													

F. p.   **F. m.**

	I.	II.	III.	IV.	I a.	I. i.	I.	II.	III.	IV.	p.	Z.	M.
N. Ord.													
Abw.													
V. Ord.													

F. a.   Bemerkungen.

	I.	II.	III.	IV.	I.	T.	I.	(Irb.)
N. Ord.								
Abw.								
V. Ord.								

Zahl der untersuchten Schädel: 4.

Absolute mittlere Grösse der Grundlinie: 91 (90–93) Mm.

Normalschädel des Caraïben.

Tab. 18.

M.

	O.	o.	I.	II.	III.	IV.	F.	o.	N.	P.	M.	c.	m.
N. Ord.													
Abw.													
V. Ord.													

F. p.   **F. m.**

	I.	II.	III.	IV.	I a.	I. i.	I.	II.	III.	IV.	p.	Z.	M.
N. Ord.													
Abw.													
V. Ord.													

F. a.   Bemerkungen.

	I.	II.	III.	IV.	I.	T.	I.	(Irb.)
N. Ord.								
Abw.								
V. Ord.								

Zahl der untersuchten Schädel: 4.

Absolute mittlere Grösse der Grundlinie: 88.3 (90–91) Mm.

Normalschädel des Puri-Indianers.

M.

Tab.49.	O	o.	I	II.	III.	IV.	F.	n.	N.	P.	M.	c.	m.
S. Ord.													
Abs.													
V. Ord.													

F. p. / **F. m.**

	I.	II.	III.	IV.	I.s.	I.i.	I.	II.	III.	IV.	p.	Z.	M.
S. Ord.													
Abs.													
V. Ord.													

F. a.

	I.	II.	III.	IV.	L.	T.	l.	(Orb.)	Bemerkungen.
S. Ord.									
Abs.									Zahl der untersuchten Schädel: 3
V. Ord.									Absolute mittlere Grösse der Grundlinie: ... mm

Normalschädel des Botocuden.

M.

Tab.50.	O.	o.	I	II.	III.	IV.	F.	n.	N.	P.	M.	c.	m.
S. Ord.													
Abs.													
V. Ord.													

F. p. / **F. m.**

	I.	II.	III.	IV.	I.s.	I.i.	I.	II.	III.	IV.	p.	Z.	M.
S. Ord.													
Abs.													
V. Ord.													

F. a.

	I.	II.	III.	IV.	L.	T.	l.	(Orb.)	Bemerkungen.
S. Ord.									
Abs.									Zahl der untersuchten Schädel: 5
V. Ord.									Absolute mittlere Grösse der Grundlinie: ... mm

Tab. 51.   M.

	O.	o.	I.	II.	III.	IV.	F.	n	N.	P.	M.	e	m.
N. Ord.													
Abw.													
V. Ord.													

F. p.   F. m.

	I.	II.	III.	IV.	I. s	I. i	I.	II.	III.	IV.	p.	Z.	M.
N. Ord.													
Abw.													
V. Ord.													

F. n.   Bemerkungen.

	I.	II.	III.	IV.	I.	F.	I.	(Orb.)	
N. Ord.									Zahl der untersuchten Schädel: 16.
Abw.									Absolute mittlere Grösse der Grundlinie: 94 (90–99) Bo
V. Ord.									

Europäer, juv.

Tab. 52.   M.

	O.	o.	I.	II.	III.	IV.	F.	n	N.	P.	M.	e	m.
N. Ord.													
Abw.													
V. Ord.													

F. p.   F. m.

	I.	II.	III.	IV.	I. s	I. i	I.	II.	III.	IV.	p.	Z.	M.
N. Ord.													
Abw.													
V. Ord.													

F. m.   Bemerkungen.

	I.	II.	III.	IV.	I.	I.	I.	(Orb.)	
N. Ord.									Zahl der untersuchten Schädel: 5.
Abw.									Absolute mittlere Grösse der Grundlinie: 68.6 (61–79) Bo
V. Ord.									

M.

Tab.XX.	O.	α.	I.	II.	III.	IV.	F.	n.	N.	P.	M.	r.	m.
N. Ord.													
Abw.													
V. Ord.													

F. p.

	I.	II.	III.	IV.	I.a	I.i	I.	II.	III.	IV.	p.	Z.	M.
N. Ord.													
Abw.													
V. Ord.													

F. m.

F. n.

	I.	II.	III.	IV.	L.	T.	l.	(Hh.)	Bemerkungen.
N. Ord.									
Abw.									Zahl der untersuchten Schädel: 1.
V. Ord.									Absolute mittlere Grösse der Grundlinie: ...

Schädel eines Congo-Negers.

M.

Tab.XX.	O.	α.	I.	II.	III.	IV.	F.	n.	N.	P.	M.	r.	m.
N. Ord.													
Abw.													
V. Ord.													

F. p.

F. m.

	I.	II.	III.	IV.	I.a	I.i	I.	II.	III.	IV.	p.	Z.	M.
N. Ord.													
Abw.													
V. Ord.													

F. n.

	I.	II.	III.	IV.	L.	T.	l.	(Hh.)	Bemerkungen.
N. Ord.									
Abw.									Zahl der untersuchten Schädel: 1
V. Ord.									Absolute Grösse der Grundlinie: ...

M.

Tab.	D	o.	I	II	III	IV	F	n.	N	P	M	c	m
N. Ord.	61.0	74.0 71.1	...	...	42.0	52.0	11.0						
Abs.	- 39.0	- 26.3	0	33.3	44.0	100	112.0	4.0	113.0	53.0	119.0	44.0	14.0
V. Ord.							34.0		3.0	74.0	56.0		

F. p. | | | | | | **F. m.**

	I	II	III	IV	I a	L i	I	II	III	IV	p	Z	M
N. Ord.	100.0	103.0	96.0	44.0 0	76.0	33.0	97.0	92.0	44.0	34.0			
Abs.	0			53.0	66.0	60.0	0			67.0	37.0	63.0	76.0
V. Ord.											4.0	16.0	34.0

F. n. | | | | | | **Bemerkungen**

	I	II	III	IV	L	M s	M i	Orb i	
N. Ord.	62.0	44.0	34.0	0				30.0	
Abs.	0			44.0	15.0	37.0	30.0	34.0 36.0	Zahl der untersuchten Schädel: 1.
V. Ord.						30.0	66.0	54.0	Absolute Tribune der Grundlinie: ... Mm.

M.

Tab.	O.	o	I	II	III	IV	F	n.	N	P	M	c	m
N. Ord.			44.0	94.2	73.1	79.4							
Abs.			0	33.3	66.0	100		3.3	116.1	50.1	116.8	69.2	73.1
V. Ord.									18.8	73.1	46.5		

F. p. | | | | | | **F. m.**

	I	II	III	IV	I a	L i	I	II	III	IV	p	Z	M
N. Ord.				55.4 0		34.1	41.1	44.4	73.0	57.1			
Abs.	0			43.5		53.0	0			52.9	79.6	56.5	
V. Ord.											7.9 3.0	17.3	

F. n. | | | | | | **Bemerkungen.**

	I	II	III	IV	L	M s	M i	Orb i	
N. Ord.	62.3	53.9	34.0	7.9				38.1	
Abs.	0			49.0	4.5	53.6	29.1	23.4	Zahl der untersuchten Schädel: 2
V. Ord.						34.3	43.5	37.3	Absolute mittlere Tribune der Grundlinie: ... Mm.

Tab.17.						M.							
	U.	o.	I.	II.	III.	IV.	F.	a.	N.	P.	M.	c.	m.
N. Ord.	179 149—173	441 145—143	63.5 77.5—72.5	98.4 49.9—92.5	73.4 67.4—96.9	33.9 31.3—34.3	39.3 37.4—39.5						
Abw.	33.1 29.9—38.1	—38.3 14.8—27.3	•	33.3	90.5	149	189.0 149.3—172.6	4.3 3.1—3.5	111.4 109.3—113.5	33.3 53.3—61.3	143.0 129.7—153.2	1	33.6 19.3—39.2
V. Ord.									31.7 17.4—23.9	73.4 196—73.5	53.3 143—67.9		

		F. p.							F. m.				
	I.	II.	III.	IV.	L.a.	L.t.	I.	II.	III.	IV.	p.	Z.	M.
N. Ord.	84.3 83.9—97.3	72.4 76.9—99.4	71.9 87.3—90.9	39.0 41.4—34.7 4.3 0—9.3		33.3 31.3—69.1	73.4 53.0—54.4	74.8 71.1—92.5	63.8 59.9—70.1	36.6 34.9—36.3			
Abw.	•			50.7 49.0—53.2		32.9 49.9—69.3	•			34.3 29.9—39.3	49.3 37.3—61.3	43.3 39.3—49.9	33.7 79.3—79.4
V. Ord.											3.7 2.3—5.4	14.3 13.9—19.1	39.3 37.9—34.3

		F. a.							Bemerkungen.
	I.	II.	III.	IV.	L.	M.s.	M.i.	(Orb.)	
N. Ord.	33.9 31.3—64.9	53.3 14.9—34.7	35.7 79.9—41.3	7.3 0—13.9				39.3 4.3—23.9	Zahl der untersuchten Schädel: 7.
Abw.	•			44.3 11.9—19.4	5.9 4.1—6.3	34.3 79.0—36.4	77.9 39.9—93.3	31.3 33.3 35.3—79.3	Absolute mittlere Größe der Grundlinie: 479:146=56: Ro
V. Ord.						39.4 39.9—39.4	69.3 43.9—37.3	31.9 19.9—79.9	

Schädel von Troglodytes niger. Geoff.

Tab.18.						M.							
	u.	o.	I.	II.	III.	IV.	F.	a.	N.	P.	M.	c.	m.
N. Ord.	34.1	44.5 33.3	44.4	47.3	73.4	39.1	33.3						
Abw.	—73.0	33.3	•	33.3	94.9	149	113.9	4.9	193.4	33.3	134.3	1	39.4
V. Ord.						34.9			19.5	33.8	34.7		

		F. p.							F. m.				
	I.	II	III	IV	L.a.	L.t.	I	II	III.	IV.	p.	Z.	M
N. Ord.	47.3	63.9	73.7	33.9 •			94.4	77.9	67.4	69.3			
Abw.	•			34.3			•			49.3	31.9	64.3	39.3
V. Ord.											6.9	1.9	43.3

		F. a.							Bemerkungen
	I.	II.	III.	IV	L.	M.s.	M.i.	(Orb.)	
N. Ord.	33.3	37.3	39.3	9				31.9	Zahl der untersuchten Schädel: 1.
Abw.	•			53.3	31.4	34.9	39.9	33.9 34.3	Absolute Größe der Grundlinie: 57 Ro.
V. Ord.						34.4	34.3	19.3	

Normalschädel von **Pithecus satyrus.** Geoff. (adult.)

Tab.59.						M.							
	O.	o.	I.	II.	III.	IV.	F.	n.	N.	P.	M	c.	m.
N. Ord.													
Ubw.													
V. Ord.													

	F. p.						F. m.						M
	I.	II.	III.	IV.	I. s.	I i.	I.	II.	III.	IV.	p.	Z.	M
N. Ord.													
Ubw.													
V. Ord.													

	F. n.								Bemerkungen.
	I.	II.	III.	IV.	L.	M. s.	M i.	(Orb.)	
N. Ord.									
Ubw.									Zahl der untersuchten Schädel: 6.
V. Ord.									Absolute mittlere Grösse der Grundlinie: 87,3 (81–91) Mm.

Normalschädel von **Pithecus satyrus.** (juv.)

Tab.60.						M.							
	O.	o.	I.	II.	III.	IV.	F.	n.	N.	P.	M	c.	m.
N. Ord.													
Ubw.													
V. Ord.													

	F. p.						F. m.						M
	I.	II.	III.	IV.	I. s.	I i.	I.	II.	III.	IV.	p.	Z.	M
N. Ord.													
Ubw.													
V. Ord.													

	F. n.								Bemerkungen.
	I.	II.	III.	IV.	L.	M. s.	M i.	(Orb.)	
N. Ord.									
Ubw.									Zahl der untersuchten Schädel: 4.
V. Ord.									Absolute mittlere Grösse der Grundlinie: 63,5 (59–67) Mm.

Tab. 51.

					M.								
	0.	o.	I.	II.	III.	IV.	F.	n.	N.	P.	M	e.	m.
N. Ord.													
Abw.													
V. Ord.													

			F. p.						F. m.				
	I.	II.	III.	IV.	L. s	L. i.	I.	II.	III.	IV.	p.	Z.	M
N. Ord.													
Abw.													
V. Ord.													

				F. a.					Bemerkungen.
	I.	II.	III.	IV.	L.	M. s.	M. i.	(Orb.)	
N. Ord.									Zahl der untersuchten Schädel: 2.
Abw.									
V. Ord.									Absolute mittlere Grösse der Grundlinie 107.5 (100 –115) Mm.

Normalschädel von Cercopithecus sabaeus. Erxl.

Tab. 52.

					M.								
	0.	o.	I.	II.	III.	IV.	F.	n.	N.	P.	M	e.	m.
N. Ord.													
Abw.													
V. Ord.													

			F. p.						F. m.				
	I.	II.	III.	IV.	L. s	L. i.	I.	II.	III.	IV.	p.	Z.	M
N. Ord.													
Abw.													
V. Ord.													

				F. a.					Bemerkungen
	I.	II.	III.	IV.	L.	M. s.	M. i.	(Orb.)	
N. Ord.									Zahl der untersuchten Schädel: 1.
Abw.									
V. Ord.									Absolute mittlere Grösse der Grundlinie 52.5 (52 –53) Mm.

Schädel von Cynocephalus Sphinx. Jll.

Tab.Gfl.							M.						
	O.	a.	I.	II.	III.	IV.	F.	n.	N.	P.	M.	r.	m.
N. Ord.													
Abac.													
V. Ord.													

			F. p.						F. m.				
	I.	II.	III.	IV.	I..	I.i	I.	II.	III.	IV.	p	Z.	M
N. Ord.													
Abac.													
V. Ord.													

			F. m.						Bemerkungen
	I.	II.	III.	IV.	I.	M s.	M i.	(Orb.)	
N. Ord									Zahl der untersuchten Schädel: 2.
Abac.									
V. Ord.									Absolute mittlere Grösse der Grundlinie 85,5 (85 – 86) Mm.

Schädel von Colobus guereza. Wagn.

Tab.Gfl.							M.						
	O.	a.	I.	II.	III.	IV.	F.	n.	N.	P.	M.	r.	m.
N. Ord.													
Abac.													
V. Ord.													

			F. p.						F. m.				
	I.	II.	III.	IV.	I..	I.i.	I.	II.	III.	IV.	p	Z.	M.
N. Ord.													
Abac.													
V. Ord.													

			F. m.						Bemerkungen
	I.	II.	III.	IV.	I.	M s.	M i.	(Orb.)	
N. Ord.									Zahl der untersuchten Schädel: 1
Abac.									
V. Ord.									Absolute mittlere Grösse der Grundlinie 61,5 (56 – 67) Mm.

Taf:1.

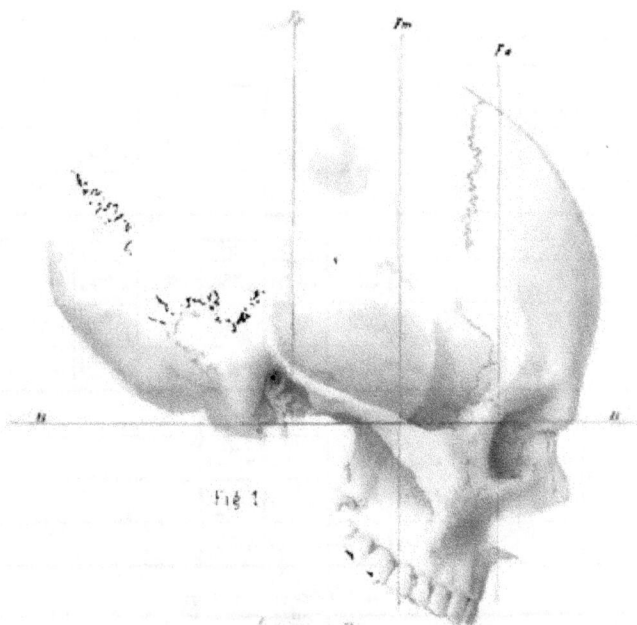

Fig 1

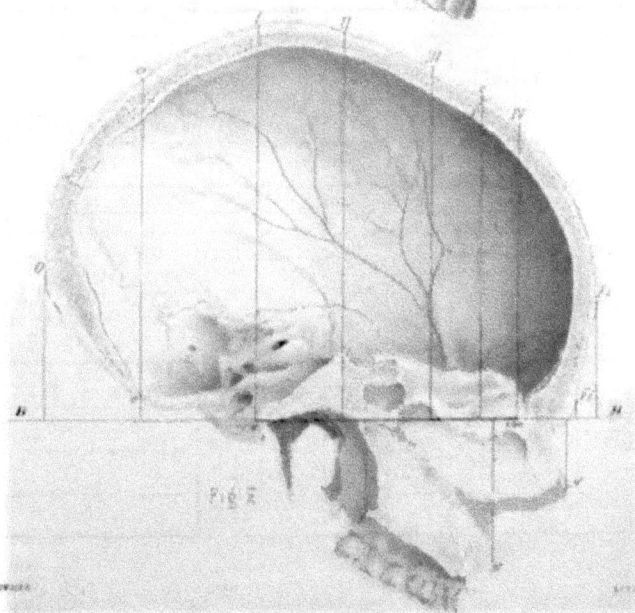

Fig 2

AKAD. BUNGDOSSFÖRLAGET   LITH. P. LIPP BERN

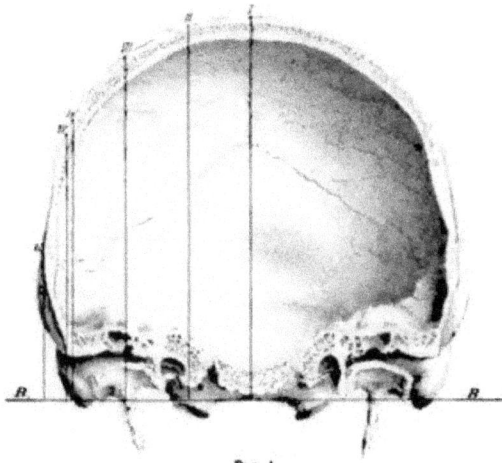

Taf : II .

Fig 1.

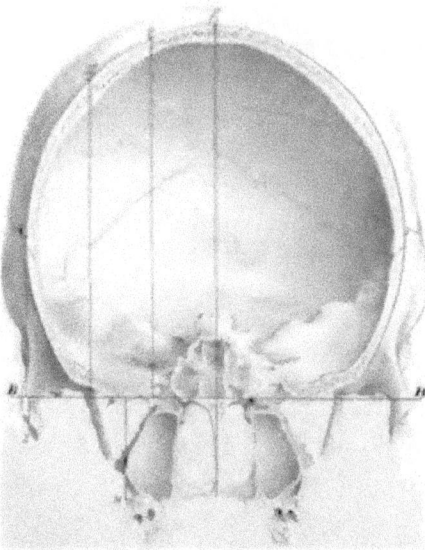

Fig 2

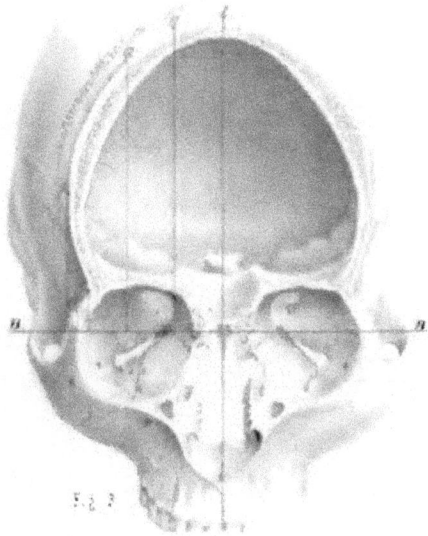

Fig 3

Fig. 1

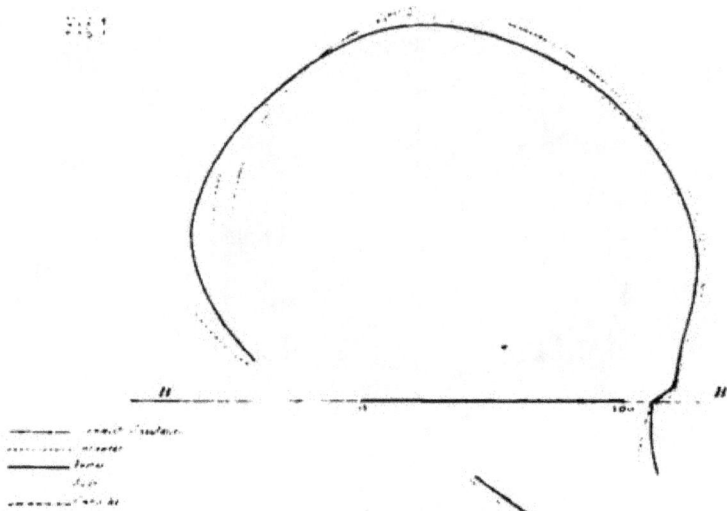

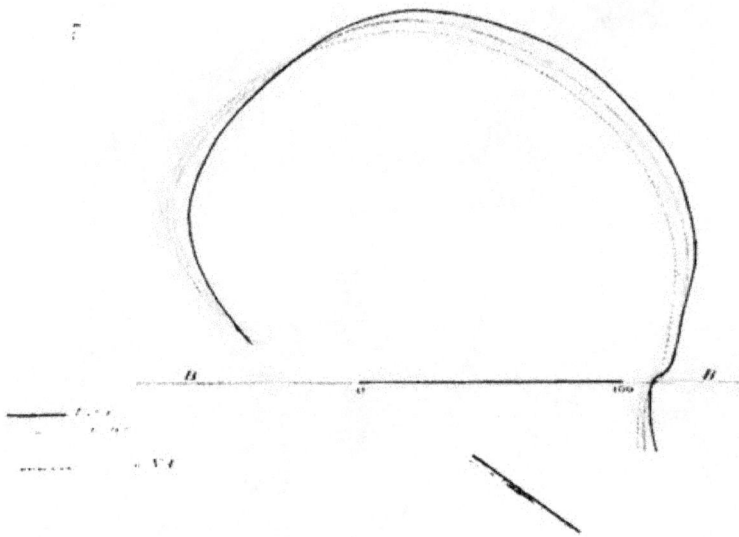

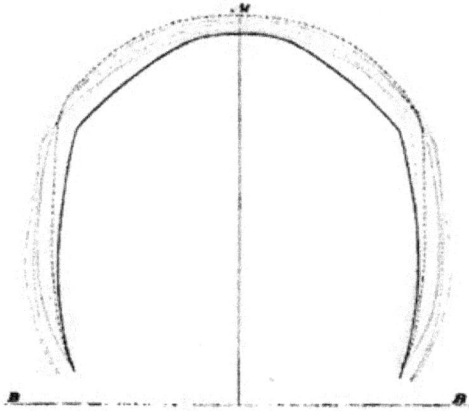

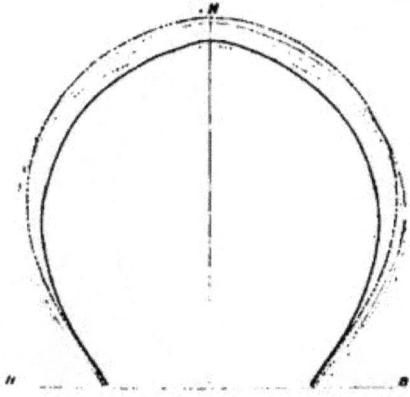
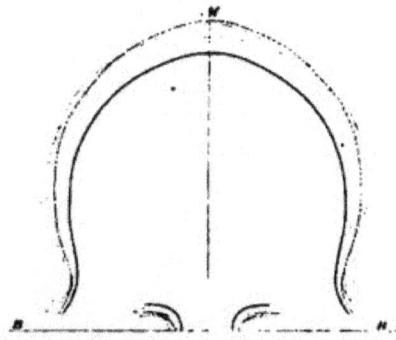

Taf: IV.

Fig. 1

Fig. 2   Fig. 3.

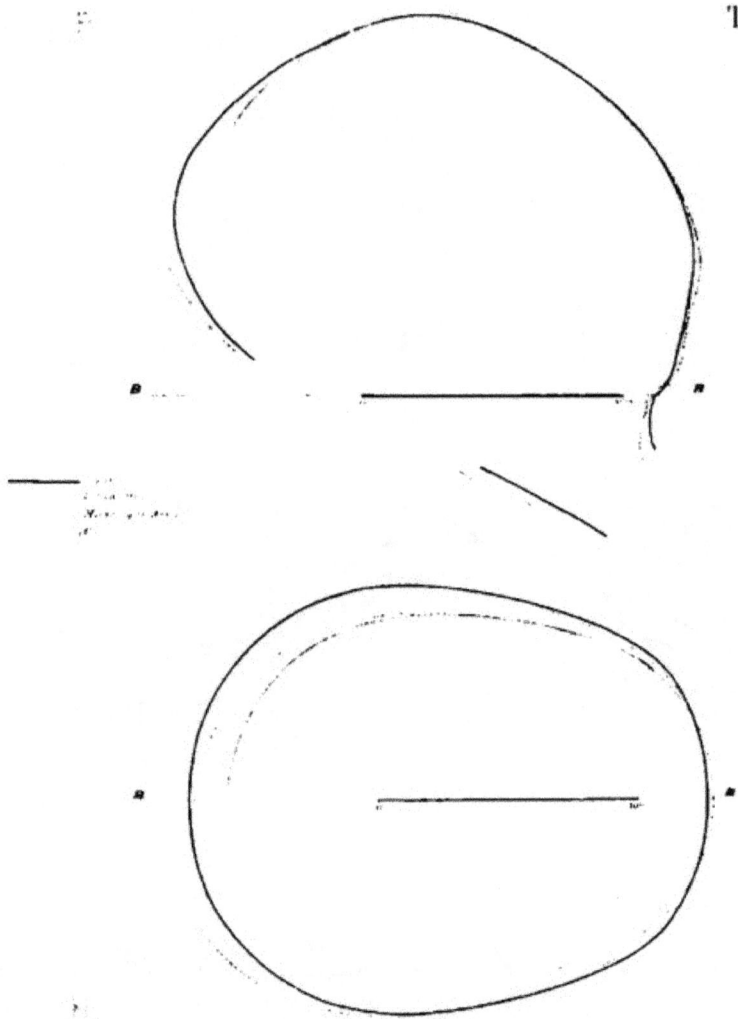

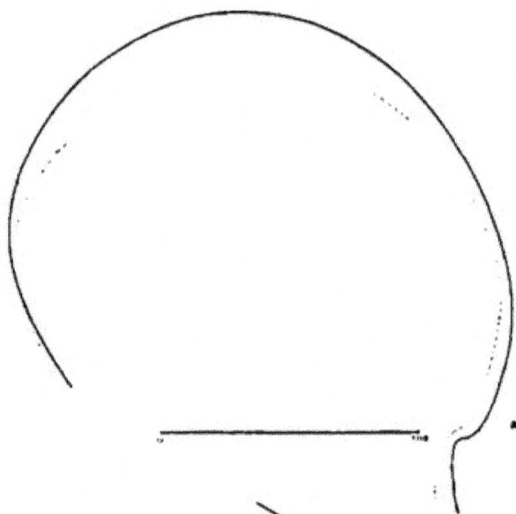

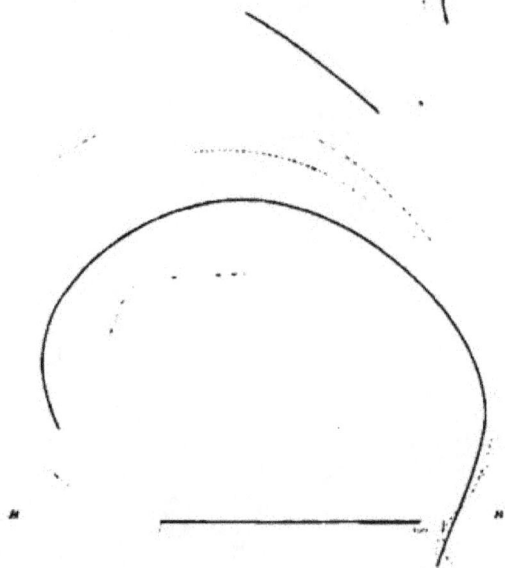

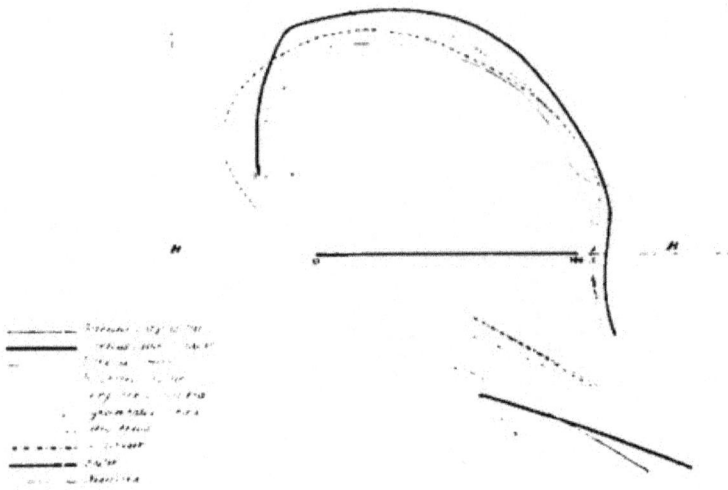

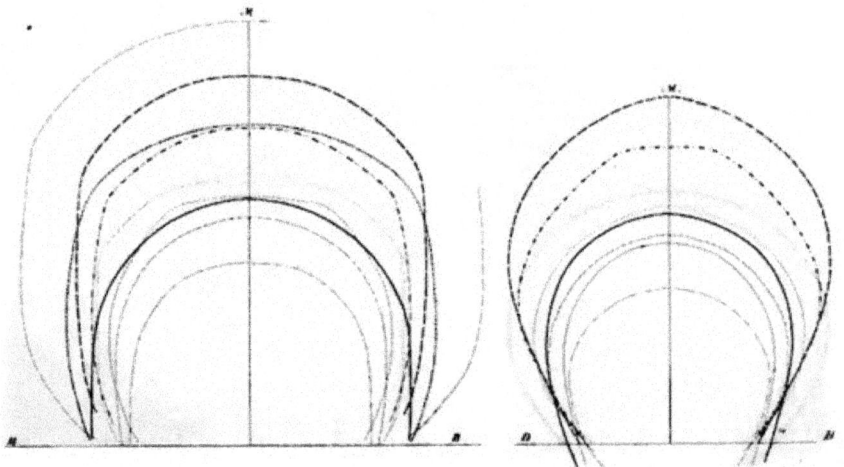

www.ingramcontent.com/pod-product-compliance
Lightning Source LLC
Chambersburg PA
CBHW021815190326
41518CB00007B/600